高效种植关键技术图说系列

图说苹果高效栽培关键技术

编著者
花 蕾　王永熙　相建业

金 盾 出 版 社

内 容 提 要

本书由西北农林科技大学花蕾教授等编著。书中以图文结合、注重图说的形式，介绍了苹果高效栽培的关键技术，包括建园、优良品种选择、苗木栽植、土肥水管理、地面覆盖与生草、整形修剪、疏花疏果与保花保果、果实套袋与增色、病虫害的无公害防治，以及果实的采收与贮运保鲜技术等。全书内容系统，关键突出，技术实用，图文并茂，适合广大果农和基层果树技术人员学习使用。

图书在版编目(CIP)数据

图说苹果高效栽培关键技术/花蕾等编著．—北京：金盾出版社，2006.6(2019.1重印)

(高效种植关键技术图说系列)

ISBN 978-7-5082-4058-9

Ⅰ.①图… Ⅱ.①花… Ⅲ.①苹果—果树园艺—图解 Ⅳ.①S661.1-64

中国版本图书馆CIP数据核字(2006)第047808号

金盾出版社出版、总发行

北京市太平路5号(地铁万寿路站往南)

邮政编码：100036 电话：68214039 83219215

传真：68276683 网址：www.jdcbs.cn

北京军迪印刷有限责任公司印刷、装订

各地新华书店经销

开本：787×1092 1/32 印张：5.5 彩页：8 字数：121千字

2019年1月第1版12次印刷

印数：63 001～66 000册 定价：19.00元

目 录

第一章　苹果建园规划与优良品种选择

一、苹果生态适宜区与苹果产业优势区

1. 苹果生态适宜区

我国的苹果生态适宜区如图 1-1 所示。

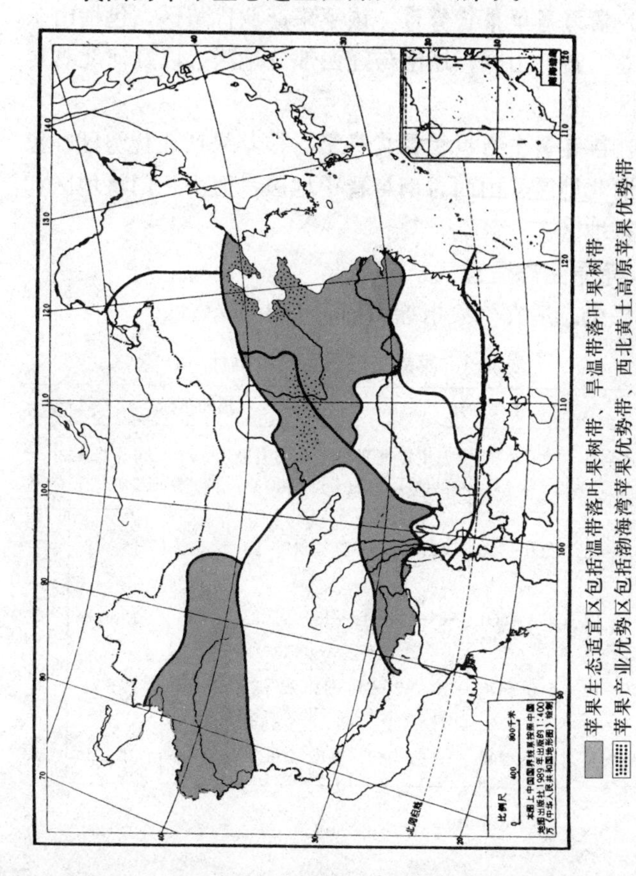

图 1-1　苹果生态适宜区分布图

(1) **温带落叶果树带** 该苹果生态适宜区位于辽宁南部、华北和中原地区，包括山东、河北、河南、安徽，以及江苏大部、山西中南部、陕西东南部、湖北东北部和浙江北部。

(2) **旱温带落叶果树带** 该苹果生态适宜区，包括山西中北部、陕西西部与北部、宁夏南部、甘肃东南部、青海东部、四川西北部和西藏东南部，以及新疆的伊犁盆地及塔里木盆地周边、喀什、库尔勒、和田与哈密等地。

2. 苹果产业优势区域布局

(1) **渤海湾苹果优势带** 该苹果产业优势区，包括山东胶东半岛、泰沂山区，辽南与辽西部分地区，以及河北省秦皇岛地区。

(2) **西北黄土高原苹果优势带** 该苹果产业优势区，包括陕西渭北地区、山西晋南与晋中地区、河南三门峡地区和甘肃陇东地区。

3. 苹果生态适宜气象指标

苹果生态适宜气象指标，如表1-1所示。

表1-1 苹果生态适宜气象指标

产区名称	主要指标				辅助指标			符合指标项数
	年均温（℃）	年降水量（毫米）	1月中旬均温（℃）	年极端最低温（℃）	6~8月份均温（℃）	>35℃的天数	夏季平均最低温度（℃）	
最适宜区	8~12	560~750	<-14	>-27	19~23	<6	15~18	7
黄土高原区	8~12	490~660	-8~-1	-26~-16	19~23	<6	15~18	7
渤海湾区近海亚区	9~12	580~840	-10~-2	-24~-13	22~24	0~3	19~21	6
黄河故道区	14~15	640~940	-2~2	-23~-15	26~27	10~25	21~23	3

续表 1-1

产区名称	主要指标				辅助指标			符合指标项数
	年均温（℃）	年降水量（毫米）	1月中旬均温（℃）	年极端最低温（℃）	6~8月份均温（℃）	>35℃的天数	夏季平均最低温度（℃）	
西南高原区	11~15	750~1100	0~7	-13~-5	19~21	0	15~17	6
美国华盛顿产区	15.6	470	8	-8	22.6	0	15	5

二、园地规划

1．苹果园规划原则

在苹果园建立之前，必须认真细致、全面系统、科学周密地做好规划工作。在规划苹果园的建立时，要遵循以下的原则：果园应建立在生态适宜区内；大气、水体和土壤等环境条件无污染；地势地形适宜，土层深厚，土壤肥沃；社会经济条件有利于苹果的生产、贮运和市场销售。

2．农业行业标准

从农业行业标准方面来说，苹果园的选址应符合《无公害食品　苹果产地环境条件》（NY 5013-2001），要使所选园址的土壤环境、大气环境和灌溉水质量，都达到国家规定的标准。

3．园地规划设计

苹果园的规划设计，包括以下内容：

（1）**总体规划**　从总体上说，要完成以下事项：一是绘制果园区域地形图；二是绘制果园分区平面图；三是搞好技术指标与投资的估算。

(2) **种植区的规划** 苹果园种植区应以小区为单元。一般以2～4公顷为一小区，若干小区为一作业单位；若干作业单位组成种植区。

(3) **道路系统的规划** 苹果园的道路系统，一般由生产路、支路和主路构成。主路贯穿全园，是连接各区及交通主道；生产路是种植区内小区的界线；支路是园区各分区中的交通道路。

(4) **灌排系统的规划** 苹果园的灌排系统由水源、渠道或管道组成。灌水与排水的渠道管道可兼用，但灌水要有水源，排水要有出处。

(5) **生态系统的规划** 苹果园要建立良好的生态系统，一般包括防风林带；水土保持工程与生物措施，配套畜牧饲养场；以及管理中心、贮藏库、包装厂和农机具库等。这些都要进行合理的规划和安排。

(6) **果园类型设计** 果园果品生产按商业用途可分为三类：鲜食果品生产、加工果品生产和烹调果品生产。

鲜食果品生产园是目前我国苹果生产的主要形式。鲜果商品生产要求果品外观及内在品质俱佳，包括果个、果形、果面、果色、果肉、汁液、风味等，还要具备标准化生产的基本条件。

加工果品生产园是目前我国苹果生产中急待重视的发展形式。加工果品生产主要是为苹果浓缩汁的加工提供原料。也有果片、果酒、果醋加工等。

烹调果品生产在英国、欧洲及俄罗斯等发达国家有传统市场。随着社会的进一步发展，烹调果品在我国的需求也会不断增加。

果园类型可以设计为鲜食果品或加工果品生产的专用果园，也可设计为鲜食与加工果品生产兼用园。

三、苹果优良品种

1. 早熟品种

贝拉 系美国品种。果实于6月下旬至7月上旬成熟，圆形，平均单果重150克。果实底色淡绿黄色，果面紫红色，有果粉，颇美观。果肉乳白色，风味浓甜酸，具香气。幼树生长旺盛。结果早，丰产。

藤牧一号 系美国品种。果实于7月上中旬成熟，圆形，平均单果重190克。成熟时果面有鲜红色条纹和彩霞，艳丽，光洁。果肉黄白色，松脆多汁，风味酸甜，有香气。幼树生长较旺。早果，丰产。

珊夏 系日本与新西兰合作选育的品种。果实于7月中下旬成熟，扁圆形，平均单果重190克。成熟时果面鲜红色至浓红色。果肉白色，硬度较大，风味酸甜，有香气。树势中等开张。早果、丰产。

秦阳 系陕西省果树研究所从皇家嘎拉实生苗中选育的品种。果实于7月下旬成熟，近圆形，平均单果重190克。果实底色黄绿，条纹红，色泽鲜艳（图1-2）。果肉黄白色，肉质细脆，风味酸甜，有香气。树势中庸，易成花。

图1-2 秦阳苹果

2. 中熟品种

美国八号　又名华夏，系美国品种。果实于8月上中旬成熟，圆锥形，平均单果重240克。成熟时果面浓红，光洁无锈。果肉黄白色，甜酸适口，有香气。树势中等。对修剪不敏感。易成花，丰产。

嘎拉　系新西兰品种。果实于8月上中旬成熟，圆锥形，平均单果重180克。成熟时果皮底色黄色，果面鲜红色，有深红色条纹。果肉乳黄色，肉质脆，汁中多，酸甜味香，品质为极上等。树势中等。结果早，丰产。优系嘎拉有皇家嘎拉（图1-3）、丽嘎拉和太平洋嘎拉（图1-4）等品种。

图1-3　皇家嘎拉结果状

图1-4　太平洋嘎拉苹果

红津轻　系日本品种。果实于8月上中旬成熟，圆形，平均单果重200克。成熟时果皮底色黄绿，果面鲜红色，有深红条纹。果肉乳黄色，肉质松脆，甜中微酸，风味浓厚。树势强健，丰产。

红王将　系日本品种。早生富士的芽变优系。果实于9月中下旬成熟，短圆形，单果重300～400克。成熟时果面鲜红色，光洁艳丽（图1-5）。果肉乳黄色，细脆多汁，甜味浓，品质优。栽培特性与富士相同。

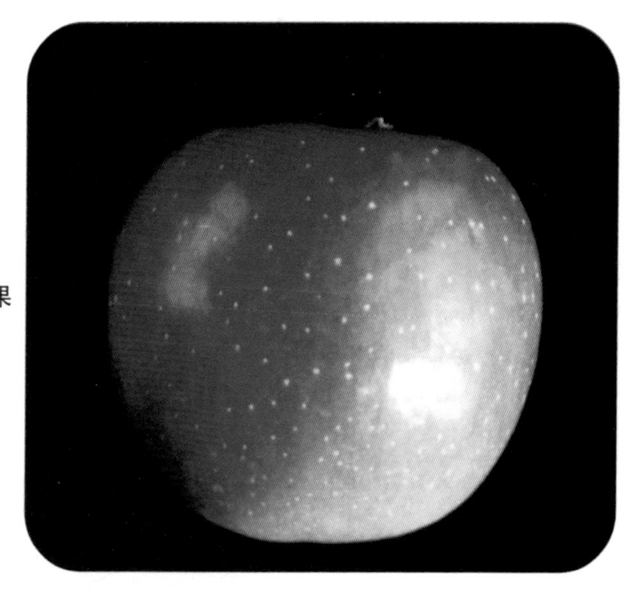

图1-5　红王将苹果

玉华早富　由陕西省果树良种苗木繁育中心从弘前富士的芽变选育而成。果实于9月中下旬成熟，圆形，单果重350～450克。果面呈条纹浓红，光洁艳丽（图1-6）。果肉淡黄色，细脆多汁，味甜微酸，品质优良。属红富士系苹果类。

图 1-6　玉华早富苹果

金冠　系美国品种。果实于9月中下旬成熟，圆锥形，单果重200克左右。成熟时果面黄绿色，贮藏后变为全面金黄色。果肉甚细，味甜带酸，清香味浓，品质极上。树势生长中庸，结果早，丰产。金冠受药害易产生果锈。金冠的芽变品系金矮生（也称无锈金冠）以及王林等果面光洁。

新世界　系日本品种。果实于9月下旬至10月上旬成熟。果实近圆形，单果重250～350克。底色黄绿，果面光洁，着浓红条纹，可全红，外观艳丽。果肉淡黄色，松脆稍韧，风味甜，有芳香。树热健旺，属半短枝类型。易成花，结果早，丰产（图1-7，图1-8）。

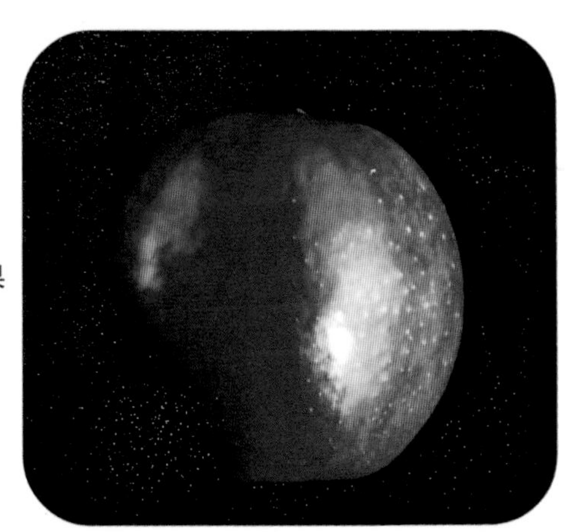

图 1-7　新世界苹果

图1-8　新世界结果状

千秋　系日本品种。果实于9月上中旬成熟。果实圆形或长圆形，单果重200～300克。底色绿黄，果面鲜红，有明显红条纹。果肉黄白色，肉质细脆，汁液多，酸甜爽口，品质上等。树势中庸，树姿开张，丰产稳产（图1-9，图1-10）。

图1-9　千秋苹果

图1-10　千秋结果状

华冠　由中国农业科学院郑州果树研究所选育而成。果实于9月中下旬成熟。果实近圆锥形，果个中大，单果重180～200克。底色金黄，略带绿色，果面鲜红，有断续红条纹（图1-11）。果肉黄色，肉质致密，脆而多汁，酸甜可口，品质上乘。树势中庸，结果早，丰产性强。

图1-11　华冠苹果

3. 晚熟品种

红富士　系日本品种。果实于10月下旬至11月初成熟，短圆形，单果重200～250克。成熟时果皮底色绿黄色，果面有条红和片红两种着色系（图1-12，图1-13）。套袋后果色更加艳丽。果肉淡黄色，细脆汁多，味甜带酸，具香气，品质极上等。树势生长中等。要求有较好的管理技术。丰产。

图 1-12　富士苹果

图 1-13　弘前富士苹果

优系红富士有长富 2 号、岩富 10 号、2001 富士和短枝富士等。短枝富士有宫崎短富和礼泉短富（图1-14）等品种。

图 1-14　礼泉短富苹果

粉红女士 系澳大利亚品种。果实于11月上中旬成熟，圆形，单果重160～200克。成熟时果皮底色为黄色，果面鲜红色，外观艳丽（图1-15）。果肉白色，肉质较硬，味甜酸。稍加存放，气味更佳。果实耐贮运。树势中等。早果，丰产。

图1-15 粉红女士结果状

澳洲青苹 系澳大利亚品种。果实于10月中下旬成熟，圆锥形，平均单果重200克。成熟时果皮翠绿色，光洁无锈，皮厚。果肉绿白色，肉质脆密，汁液较多，风味酸，宜加工果汁。树势强健，树姿直立。丰产。

图1-16 澳洲青苹果

第二章　苹果苗木标准及果园栽植

一、苹果苗木质量标准

1. 矮化中间砧苗

苹果矮化中间砧苗由主根系、基砧、中间砧和接穗组成（图 2–1）。其具体质量标准如表 2–1 所示。

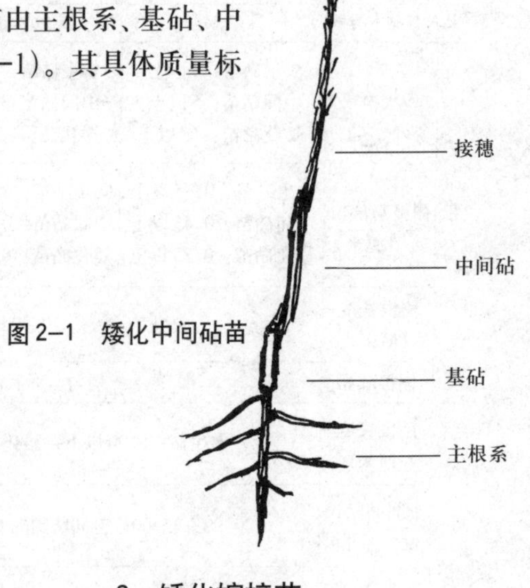

图 2–1　矮化中间砧苗

2. 矮化嫁接苗

苹果矮化嫁接苗由接穗、矮化砧及其须根系组成（图 2–2）。其具体质量标准如表 2–1 所示。

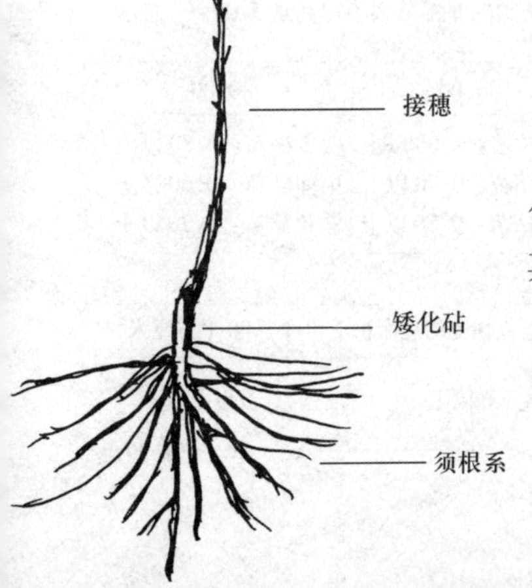

图 2–2　矮化嫁接苗

3. 苹果苗木等级质量标准

苹果的实生砧苗、中间矮化砧苗和矮化嫁接苗的等级规格指标，如表 2-1 所示。

表 2-1　苹果苗木等级规格指标

（中华人民共和国苹果苗木国家质量标准）

项目		级别		
		一级	二级	三级
品种与砧木类型		纯正		
根	侧根数量（条）	实生砧苗：5 以上 中间砧苗：5 以上 矮化砧苗：15 以上	实生砧苗：4 以上 中间砧苗：4 以上 矮化砧苗：15 以上	实生砧苗：4 以上 中间砧苗：4 以上 矮化砧苗：10 以上
根	侧根基部粗度（厘米）	实生砧苗：0.45 以上 中间砧苗：0.45 以上 矮化砧苗：0.25 以上	实生砧苗：0.35 以上 中间砧苗：0.35 以上 矮化砧苗：0.20 以上	实生砧苗：0.30 以上 中间砧苗：0.30 以上 矮化砧苗：0.20 以上
根	侧根长度（厘米）	20.00 以上		
根	侧根分布	均匀、舒展而不卷曲		
茎	砧段长度（厘米）	实生砧：5.00 以下；矮化砧：10.00～20.00		
茎	中间砧段长度（厘米）	20.00～35.00，但同苗圃的变幅范围不得超过 5.00		
茎	高度(厘米)	120.00	100.00	80.00
茎	粗度(厘米)	实生砧苗：1.20 以上 中间砧苗：0.80 以上 矮化砧苗：1.00 以上	实生砧苗：1.00 以上 中间砧苗：0.70 以上 矮化砧苗：0.80 以上	实生砧苗：0.80 以上 中间砧苗：0.60 以上 矮化砧苗：0.70 以上
茎	倾斜度	15° 以下		
根皮与茎皮		无干缩皱皮，无新损伤处，老损伤处的总面积不超过 1.00 平方厘米		
芽	整形带内饱满芽数(个)	8 以上	6 以上	6 以上

续表 2–1

项　目	级别		
	一　级	二　级	三　级
品种与砧木类型	纯　正		
接合部愈合程度	愈合良好		
砧桩处理与愈合程度	砧桩剪除，剪口环状愈合或完全愈合		

二、苹果园栽植规划

进行苹果园苗木栽植规划时，应确定栽植密度、栽植方式和品种配置。

1．栽植密度

苹果乔化苗木、半矮化苗木和矮化苗木，在不同立地果园的栽植密度，如表 2–2 所示。栽植苹果苗木时，可根据苗木类型、立地条件，具体确定栽植的密度，并根据密度，准备充足的苗木。

表 2–2　苹果园栽植密度

立地条件	乔　化（普通型乔化砧）		半矮化（普通型矮化中间砧、短枝型乔化砧）		矮　化（普通型矮化自根砧、短枝型矮化中间砧）	
	株行距（米×米）	株　数（株 / 667 米 ^{2}）	株行距（米×米）	株　数（株 / 667 米 ^{2}）	株行距（米×米）	株　数（株 / 667 米 ^{2}）
平原地、水肥地	4～5×6～8	16～28	3～4×4～5	33～56	2.5～3×3～4	56～89
高　原干旱地	4×5～6	28～33	3×4～5	44～56	2～3×3～4	56～111

2．栽植方式与品种配置

苹果园苗木栽植时，采取主栽品种与授粉品种混栽的方式。主栽品种与授粉品种的配置方式有中心式和行列式两种。中心式是每隔两行主栽品种配置一行含授粉品种的苗行，而在含有授粉品种苗的行中，又是每隔两株主栽品种苗配置一株授粉品种苗。行列式是每栽四行主栽品种苗就栽一行授粉品种苗。具体的配置方式如图 2–3 所示。

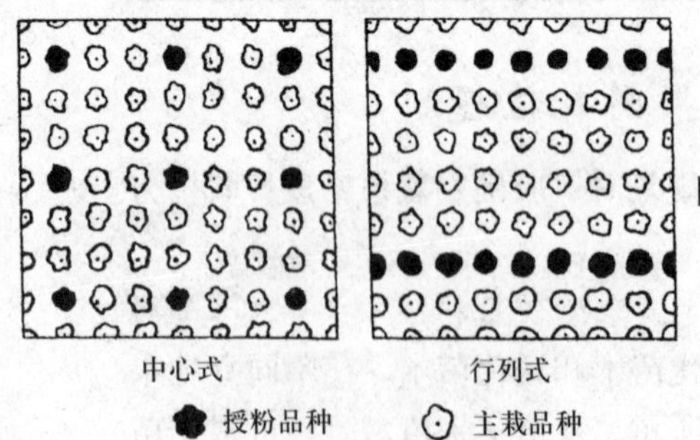

图 2–3　授粉树配置图

3．苹果主要品种适宜授粉组合

苹果是异花授粉果树。一个苹果品种的花，必须授以适宜品种的花粉，才能坐果。这就是建立苹果园时，需要配置授粉品种的原因所在。苹果主要品种的适宜授粉组合如表 2–3 所示，在建立苹果园时可以选择采用。

表 2–3　苹果主要品种适宜授粉组合

主栽品种	适宜授粉品种
元 帅 系	富士系、金冠系、嘎拉、千秋、津轻
金 冠 系	元帅系、富士系、秦冠
富士优系	金冠系、元帅系、津轻、千秋、秦冠
嘎拉优系	富士系、美国 8 号、藤牧 1 号、粉红佳人
乔纳金优系	富士系、元帅系、金冠系、嘎拉
千秋优系	嘎拉系、富士系、元帅系、津轻
藤牧 1 号	珊夏、美国 8 号、嘎拉系、津轻

续表 2-3

主栽品种	适宜授粉品种
美国 8 号	嘎拉系、珊夏、藤牧 1 号、元帅系
澳洲青苹	富士系、元帅系、嘎拉、津轻
粉红佳人	富士系、元帅系、美国 8 号
津　　轻	元帅系、嘎拉系、金冠系
华　　冠	嘎拉系、元帅系、富士系

三、定植沟（穴）的准备

1. 挖掘定植沟（穴）的时间与规格

在栽植前3～6个月，要挖好定植沟（穴）。其规格为：沟深0.8米，宽1.0米，长与行长同；穴深0.8米，长、宽各1米。挖掘时，应把25厘米厚的表层土，独放一边备用。

2. 定植沟（穴）回填

定植沟（穴）的回填，应按图 2-4 所示的顺序，由下往上地逐层进行。

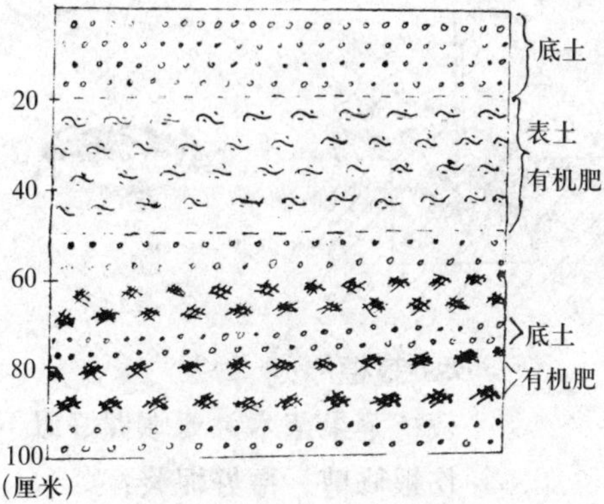

图 2-4　栽植沟回填示意图

回填可分两个阶段进行：

第一阶段是沟（穴）内45厘米以下的回填。把杂草、秸秆与生土分三层回填沟底；促其在高温、有氧条件下腐烂；同时，还可蓄雨水。时间为15～30天。土与肥下陷后可再补填。

第二阶段是沟（穴）内45厘米以上的回填。在15～45厘米深处，用原来的表层熟土，与腐熟好的农家肥混匀，用来回填。上层15厘米用原生土回填，以便收蓄雨水，以备栽植。

四、苹果苗木栽植

1．栽植时期

目前，北方多以春季栽植为主。要提倡秋季栽植，特别是本地育苗的，可在9～10月份带土栽植（图2–5）。秋季栽植的，在冬季要做好防寒防旱工作。

栽植时要拉线定点。将栽植坑挖在准备好的定植沟（穴）中。根据苗木根系大小，一般挖0.3米×0.3米×0.3米的栽植坑。

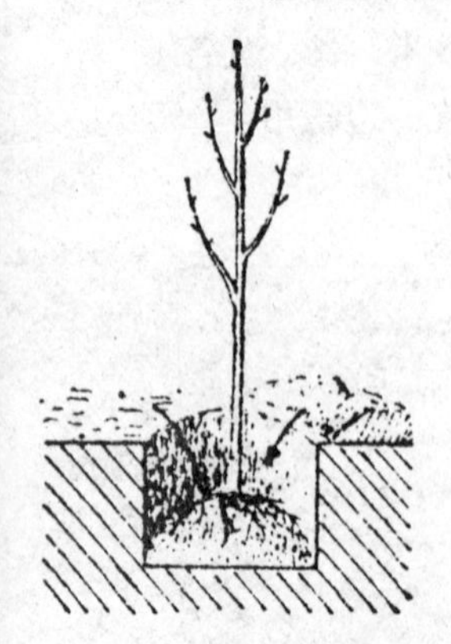

图2–5　带土栽植

2．栽植原则

栽植苹果苗木，要掌握好以下原则：

伤根修剪，蘸好泥浆；

根系舒展，根颈地平；

回土填实，栽后浇水；

保墒增温，促根生长。

第三章　苹果园土壤改良与施肥

一、苹果幼园土壤的深翻熟化

1. 条沟深翻

将苹果树行间土地划分成条状，逐年进行深翻，直至将全园土地全部深翻一遍。

这种方式适宜平地矮化密植园采用。深翻改良土壤的具体方法与定植沟挖掘相似。栽植后3～4年，全园深翻改土即可完成（图3–1）。

2. 扩穴深翻

在定植穴周围由里向外，逐年进行环状深翻苹果树四周的土壤。这种方式适宜稀植或山地果园。一般进行4～5年，可将全园土地深翻一遍。改土作业方式，要求与挖掘定植穴的方式相似（图3–2）。

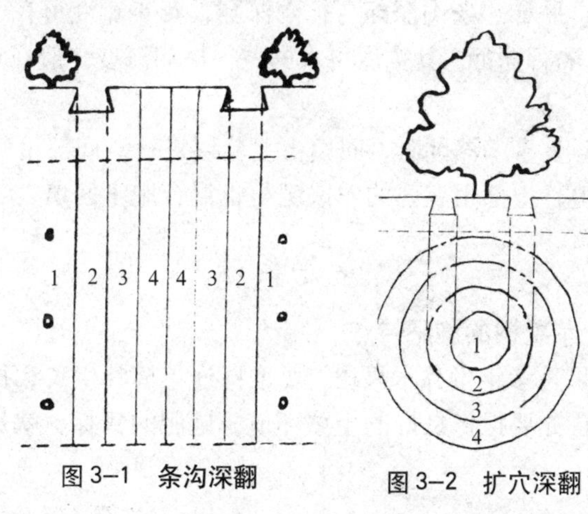

图3–1　条沟深翻

图3–2　扩穴深翻

3. 隔行深翻

定植后1～2年未深翻改土的苹果园，可采用隔行深翻的方式进行土壤熟化改良。这种方式一年仅伤一侧根系。根据果树的大小，深翻要远离主干1米左右。若行距超过3米，也可以分2年完成一个行间深翻（图3–3）。

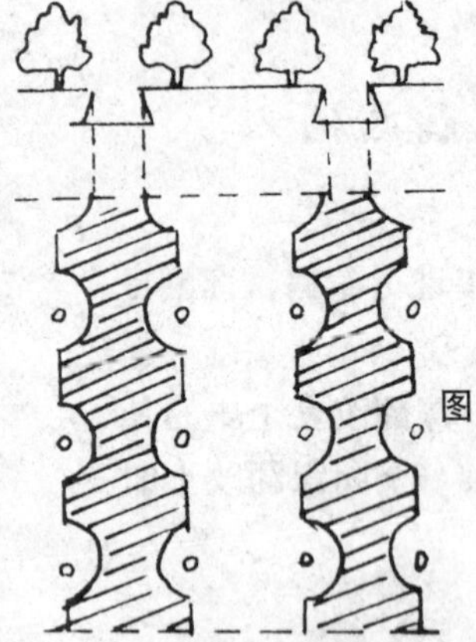

图3–3 隔行深翻

4. 深翻改土的时间、规格与要求

（1）**时间** 一般在秋季进行，以9月份至10月上旬为最好。这时进行深翻有利于果树根系愈合恢复。

（2）**规格** 条沟深翻与扩穴深翻，每年宽度可在1.0～1.2米。隔行深翻，其宽度可大一些。耕翻深度一般在0.6～0.8米。

（3）**要求** 深翻时，回填土要分层进行。底部用秸秆和杂草回填，上部用腐熟的农家肥与土混合肥土回填。

二、苹果园施肥

1. 苹果树的施肥特点

苹果是多年生乔木果树，要维持连年健壮生长和持续结果，就首先要提供良好的土壤环境。施肥的目标，就是要使土壤有机质含量达到2%～3%。果树生命周期划分为幼树期、初果期、盛果期、结果后期和衰老期。其需肥特性，在各期有明显的差异。苹果也有年生长周期特点，萌芽、开花和新梢初长，主要依靠树体上年积累的营养。新梢旺长和果实膨大要依赖果树同化的营养。秋季落叶前是树体贮藏营养的主要时期。因此，一年中苹果树施肥，有基肥与追肥两种不同的方式。

苹果栽培是按照索取果实的目标进行管理的。要解决好果树营养生长与生殖生长的矛盾，就必须在不同阶段，根据苹果树生长发育的具体状况，采用不同的营养调节方法。

2．施肥时期与施肥量

（1）**施肥时期**　在秋季施基肥。基肥以农家有机肥为主。基肥施用量占全年施肥量的70%。

在生长季进行追肥。如萌芽期、开花前和新梢旺长期，坐果及果实膨大期，果实成熟期及新梢停长期等时期均可追肥。依据树体状况，每年以追肥1～3次为宜。

（2）**施肥量**　幼树每株施纯氮60克，磷（五氧化二磷）30克，钾（氧化钾）50克。初果期每株施纯氮300克，磷（五氧化二磷）150克，钾（氧化钾）250克。

盛果期树每生产50千克果实，施用纯氮0.35千克，磷0.16千克，钾0.35千克，农家肥100千克。

3．施肥方式

施基肥，可采取条沟施肥、放射沟施肥和全园撒施浅锄等方式进行。

追肥，可采取树盘施肥、穴施水肥和叶面喷肥等方式进行。

（1）**条沟施肥**　在果树行间、树冠外缘，挖施肥条沟。

条沟宽30厘米，深25～30厘米，施肥后将沟填平。这种方式适宜密植果园，便于机械化作业（图3–4）。

（2）**放射沟施肥** 在距树干60厘米左右处，挖5～8条放射状施肥沟，施肥沟里窄外宽，外宽20～30厘米，里浅外深，外深15～30厘米。这种方式适宜给稀植大树施肥时采用（图3–5）。

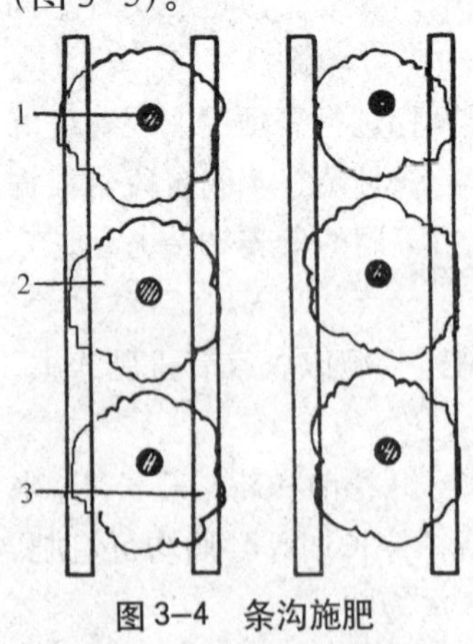

图3–4 条沟施肥

1.树干 2.树冠 3.条沟

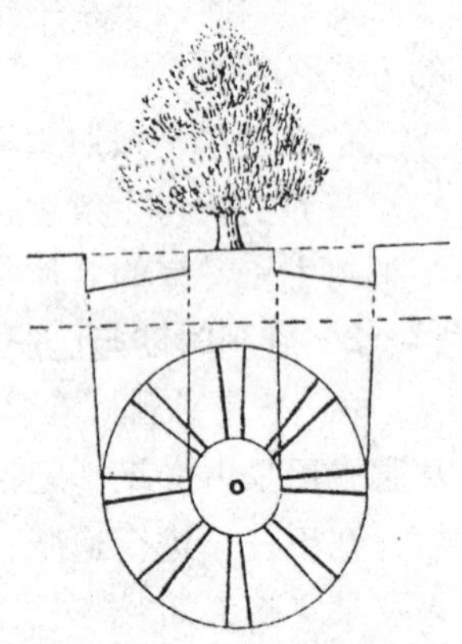

图3–5 放射沟施肥

（3）**穴施水肥** 这种方式的施肥灌水穴，直径为20厘米左右，深度30厘米，中间置入一个草把。依据每株树树体大小，在树冠下挖3～8个穴。在每穴中用氮肥、磷肥和有机肥按1∶2∶50的比例配成的混合肥，回填在草把外围，踏实，略低于地面。每次灌水5～10升，地膜覆盖（图3–6）。通过肥水的渗透浸润，完成对苹果树的浇水与施肥。

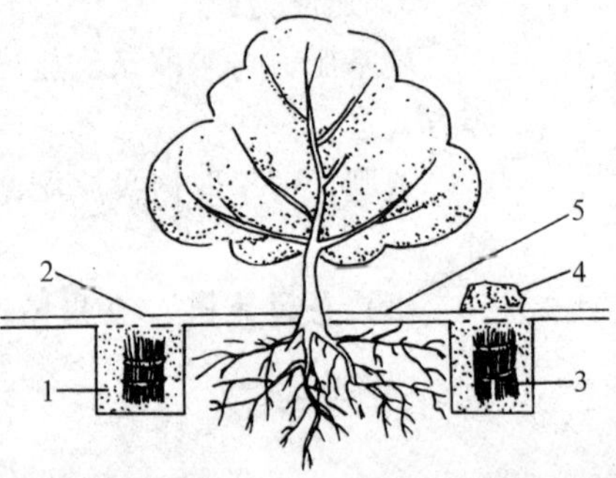

图3–6 穴施水肥加覆膜

1.贮肥穴 2.浇水施肥孔

3.草把 4.石头 5.塑料薄膜

（4）**叶面追肥**　叶面追肥，是通过对苹果叶片、枝干喷施肥液，完成对苹果树的追肥。苹果树叶片追肥的肥液适宜浓度，见表 3–1。

表 3–1　苹果树根外追肥的肥液适宜浓度

种　类	浓　度（%）	时　期	效　果
尿　素	0.2～0.3	开花到采果前	提高产果率，促进生长发育
硫酸铵	0.1～0.2	同上	同上
过磷酸钙	1.0～3.0（浸出液）	新梢停止生长	有利于花芽分化，提高果实质量
草木灰	2.0～3.0（浸出液）	生理落果后，采果前	同上
氯化钾	0.3～0.5	同上	同上
硫酸钾	0.3～0.5	同上	同上
磷酸二氢钾	0.3～0.5	同上	同上
硫酸锌	3～5	萌芽前 3～4 周	防治小叶病
	0.2～0.3	发芽后	
硼　酸	0.1～0.3	盛花期	提高产果率
硼　砂	0.2～0.5	5～6 月份	防治缩果病
	适量加生石灰		
柠檬酸铁	0.05～0.1	生长季节	防治黄叶病

三、高效沼气生态果园模式

以沼气池为纽带，实现养殖业—有机肥—果树的良性循环，对改善果树的营养供给，保证果园生态系统能量的合理利用，具有重要意义。渭北高效生态果园模式，是从渭北的实际情况出发，依据生态学、经济学和系统工程学原理，从有利于农业生态系统物质和能量的转换与平衡出发，充分发挥系统内的动物、植物与光、热、气、水及土等环境因素的作用，建立起生物种群互惠互生，食物链结构健全，能量流、物质流、养分流良性循环的能源、生态、经济系统工程。

高效沼气生态果园模式如图 3–7 所示。

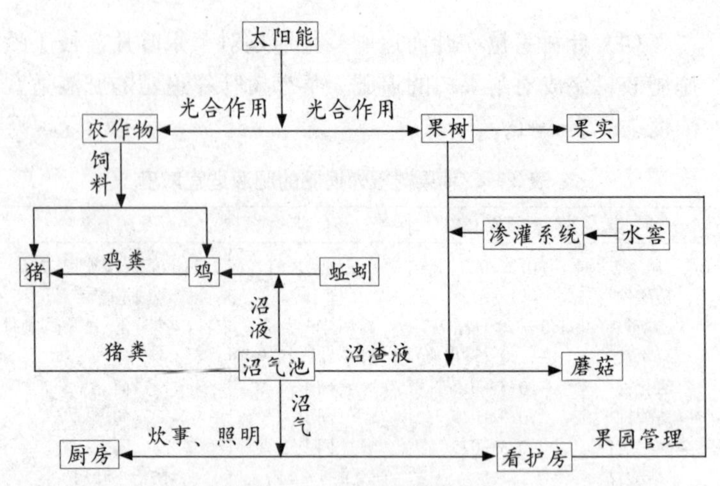

图 3–7　渭北高效沼气生态果园模式结构（仿邱凌图）

以一个 1/3 公顷左右的成龄苹果园为基本单元，在果园配套建一口 8～10 立方米的沼气池，一座 10～15 平方米的猪舍和鸡舍（养 4～6 头猪，20～40 只鸡，鸡舍建在猪圈上面），一眼 20～40 立方米的水窖。

新型高效沼气池是生态果园的核心，起着联结养殖与种植、生活用能与和生产用肥的纽带作用。沼气池产生的沼气既可解决点灯、做饭所需燃料，又可快速解决人、畜粪便的腐熟问题。更重要的，沼气池发酵后的沼液可用于果树叶面喷肥和喂猪，沼渣可用于果园施肥，从而达到改善环境，利用能源，促进生产，提高生活水平的目的。

第四章 灌溉与节水技术

一、灌水时期与灌水量

1. 灌水时期的确定

苹果树的具体灌溉时期，是由两个因素决定的。一是苹果生长发育中需水的关键时期；二是天气干旱、土壤含水量较低，不利于苹果生长发育的时期。

苹果生长发育中的需水时期：萌芽开花期，新梢旺长期(需水临界期)，果实膨大期，采果后的秋季生长时期。

土壤相对含水量保持在60%～80%，有益于果树根系对水分及营养的吸收。若含水量低于60%，特别是恰逢果树生长发育关键需水期，就应该及时灌水。土壤相对含水量低于40%时，为轻度干旱，低于20%则为严重干旱。在苹果树栽培过程中，要避免干旱现象的发生。

2. 灌 水 量

应根据土壤水分状况，土壤性质，同时也要根据果树大小、栽植密度以及生育期需水特点，综合确定灌水量。其计算公式为：

灌水量（吨）＝灌水面积×土壤浸湿深度（米）×土壤容重×（要求达到土壤含水量%－原土壤含水量%）

二、节水灌溉方式

漫灌成年果园，每667平方米需水30～60吨。采用节水灌溉技术，可节省用水1/2～2/3。漫灌节水的灌溉方式，有沟灌、滴灌、移动灌溉和穴施水肥等。

1. 沟　灌

如图4–1，沿树冠外侧开沟，并在株间连通。沟深20厘米，宽30厘米。沟中起出的土可加在沟边起垄。沟灌水流不宜太快，以保证水分的渗入时间。

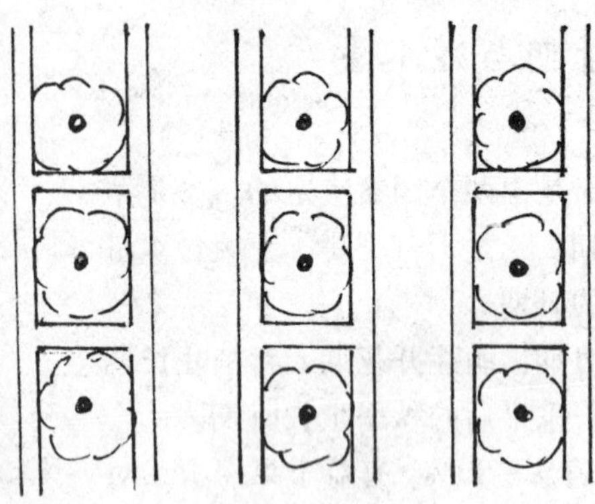

图4–1　沟　灌

2. 滴　灌

利用管道将加压的水通过滴头，一滴滴地均匀缓慢地渗入果树根部附近的土壤，使根际土壤经常保持在适宜水分状况的一种先进节水技术。

目前，一些简易移动式滴灌系统，由水泵及配套塑料软管组成的滴灌装置已广泛应用。其具体的组成，如图4–2所示。

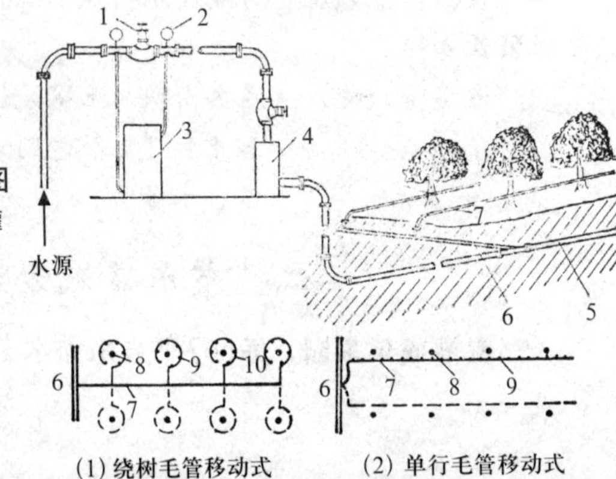

图4–2　滴灌系统示意图
1. 阀门 2.压力表 3.肥料罐 4.过滤器 5.干管 6.支管 7.毛管 8.果树 9.滴头 10.绕树毛管

3．移动式灌溉系统

固定式喷灌设备因投资多而应用较少。移动式喷灌在坡地等不平整土地果园上使用，具有省水、省工等优点。在密植平地果园，现在发展的一种软管移动式微喷系统，很有推广前途。移动式喷灌系统，一般由水源、水泵、干管、支管、竖管和喷头组成（图4–3）。

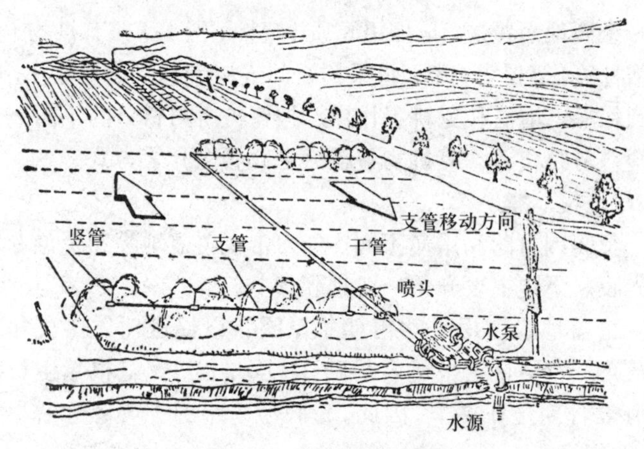

图4–3　喷灌系统示意图

4．穴施水肥

这种方式，既可供肥，又可灌水。作为一种灌溉方式与施肥一样。其组成及特点，可参见第三章中的“穴施水肥”相关内容。

第五章　地面覆盖与生草技术

一、地面覆盖

果园地面覆盖，是指用膜质（塑料薄膜等）或有机物（作物秸秆等）等覆盖材料，将果树行间或树盘的土壤覆盖住，以起到保墒、增温和免耕等作用。按覆盖所用材料的不同，分为塑料薄膜覆盖、有机物覆盖（生物覆盖）等方式。

1. 覆　膜

覆膜因目的和用途不同，分为常规覆盖地膜和覆盖专用反光膜。下边主要介绍一般地膜覆盖。

覆盖地膜多用于幼树期苹果园，以促进树体生长和快速成形，为早日结果奠定基础。覆膜增温、促进根系生长的最有效时期是在春季。因此，覆膜应于早春土壤解冻后尽早进行。

覆膜前，将树下土块打碎，整平。若遇土壤干旱，则应先灌水再覆盖。覆盖材料可选用普通乙烯地膜。具体方法是，对新栽幼树，在方块地膜的中心开孔，把地膜直接从苗干上套下，使地膜紧贴地面，四周用湿土压实（图5–1）。

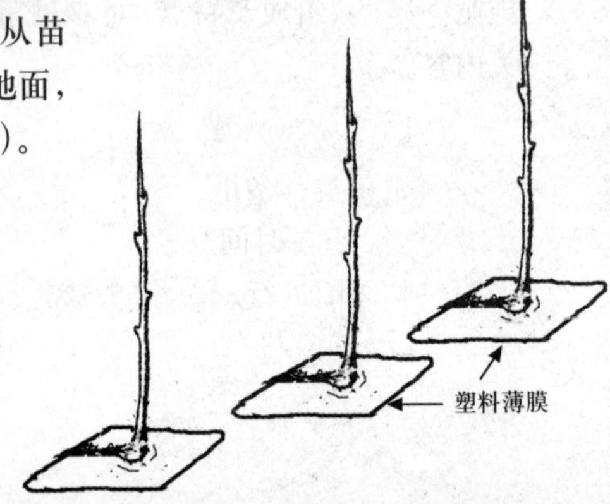

图5–1　新栽幼树覆膜

对于大树，可用宽0.8～1米，长1.6～2米的两块地膜盖覆树盘，并将四周用湿土压严。或用宽0.8～1米的两条地膜通行覆盖，树的两边各铺一条，使其紧贴地面，中间重叠少许，并用湿土将地膜中间的接缝和四周压实（图5–2，图5–3）。

图5–2　苹果幼园覆膜

图5–3　成龄园覆膜

2. 有机覆盖

有机覆盖，多用于3年生以上的苹果园。实施有机覆盖的苹果园，覆盖时间宜在春末至初夏，待土温、气温回升后，高温来临之前进行。覆盖材料可选用作物秸秆（如麦秸、豆秸等）、杂草、麦壳（麦糠）和锯末等（图5–4）。

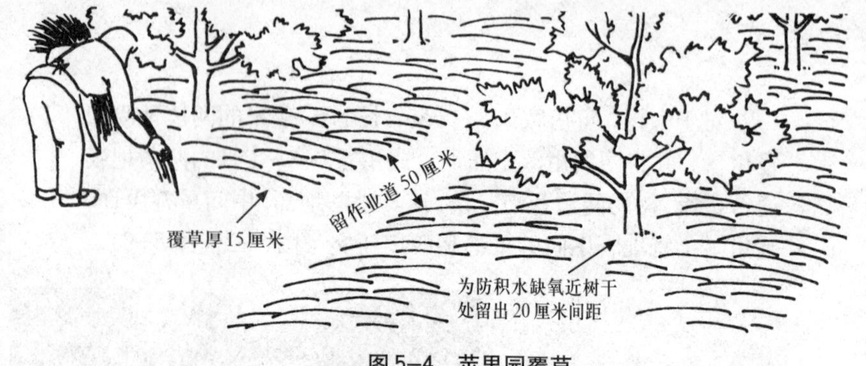

图 5–4　苹果园覆草

有机覆盖范围一般为局部覆盖，即只覆盖树盘，或在株间通行覆盖，面积以盖住树冠垂直投影的整个地面为宜。覆盖厚度一般为15～20厘米。覆盖后，要适当拍压，并在覆盖物上压少量土，以防大风吹掉覆盖物和发生火灾。覆盖周期一般为3～4年。第一年覆盖后，每年继续加草覆盖，使覆盖厚度常年保持在15～20厘米（图5–5）。覆盖物经3～4年风吹、雨淋和日晒，大部分分解腐烂后，可将履盖物一次深翻入土，然后，再重新覆盖，继续下1个周期。

图 5–5　苹果园覆草状

覆草应注意的问题：一是针对覆草易引起根系上移的现象，应在幼树期狠抓果园的深翻扩穴，加厚活土层，促使根系向纵深发展。这样，在覆草后能保持一定土层内的土壤具有良好的水、肥、气、热状态，促进根系更好地生长发育。二是实施局部覆盖的果园，施肥时不要扒除草被，因为施肥部位一般都在树盘外围，覆盖物并不会防碍施肥。秋季施基肥时，不要把草翻入沟内，冬季更不能把草除去。三是为了防止害虫发生，每次向树上喷药时，也可以给草被上喷洒一些农药。

二、果园生草

果园生草，可以改善果园的生态环境，调节果园的小气候，减少水分蒸发。同时，还可丰富害虫天敌的生活空间，有利于对害虫进行生物防治。另外，还可以减少水土流失，改良土壤结构，提高土壤中矿质元素的有效性，增加土壤肥力，直接有益于果树生长，提高果实的产量和品质（图5–6）。

图 5–6　生草苹果园

1. 草种的选择

苹果园种植的草，应是矮生草，一般生长高度不能超过40～50厘米，匍匐或半匍匐较为理想，但产草量要大，覆盖率要高。这种类型的草，一般不影响或很少影响果园的通风透光情况。

所种草的根，应以须根为主，无粗大的主根，或虽有主根但在土壤中分布不深，以避免和果树的根系发生矛盾。

所种草的青草期要长，但生长量常年较为均衡，旺盛生长期较短。这种类型的草一般覆盖地面的时间较长，能减缓果树与草之间对营养、水分需求的矛盾。

所种的草耐阴，耐践踏，再生能力强。因为树冠下，尤其是成龄树行间及其树冠下，光照条件较差，果园内人工或机械作业较为频繁，只有当草具备了耐阴和耐践踏的习性，草的生长势才有可能较为旺盛，从而形成良好的草被而覆盖地面，因施肥不当等原因造成的草皮缺损也可尽快地恢复。

所种的草，应与果树没有共同的病虫害，栽植简便，管理省工，便于机械作业。

当然，完全具备以上条件、完美无缺的草种是没有的。在实际应用时，应尽量选择那些优点较多、在某些方面特点较明显的草种，如矮生、青草期长、耐阴和耐践踏等特点集于一身的草种。近年来，各地经过大量试验后正在推广的白三叶草，就是较为理想的草种。

不同时期的苹果园，应种植不同的草种。近几年的试验结果证明，幼园应首选矮生草木犀，成龄园以白三叶、黑麦草和毛苕子为主。

下边将果园生草可用草种作一简介。

（1）**白三叶**　又名白车轴草、荷兰翘摇。属豆科多年生草本植物（图5–7）。主根短，侧根（须根）发达，根系多集

图5–7　白三叶和红三叶

白三叶

红三叶

中在地表10厘米左右厚的土层，形成稠密发达的根群。根瘤多而大，对固氮十分有利。茎匍匐生长，实心，光滑，细长，可达30～60厘米。

茎节生根，再生能力强，在地面纵横交错。叶为三出复叶，小叶心脏形，叶面中央有一白色“V”形斑，叶柄细长，直立茂密。草被高度为20～30厘米，生长季节如一层绿色地毯铺在地面。耐刈割，青草期长，从春季3月份返青，直至初冬11月上旬。初霜以后叶柄才枯干，一年覆盖期长达8～9个月。适应性强，耐阴耐踩踏，并能抑制其他杂草的生长。草被形成后，几乎再看不到其他杂草。耐寒性和耐热性均较强，−15℃～−20℃以下的低温下也能安全越冬。夏季持续高温，甚至在40℃时越夏也无问题。但耐旱性较差，干旱时应注意灌水。另外，营养成分高，干物质中含粗蛋白28.7%，粗脂肪3.4%，粗纤维15.7%，是各种畜禽的优质饲料。种子细小，千粒重0.5～0.7克，每667平方米播种量为0.5千克左右。

（2）**草木犀**　常用的为白花草木犀，属豆科一、二年生草本植物。耐旱，耐寒，耐瘠薄，较耐盐碱，适应性广，但不耐水涝。固氮能力强。幼苗具有一定的耐阴性。它生长势强，分枝多，适宜于果园套种（图5–8）。它能抑制杂草生长，增加土壤肥力，改善土壤结构，提高果园经济效益。但其生长速度较快，所以要及时青割。

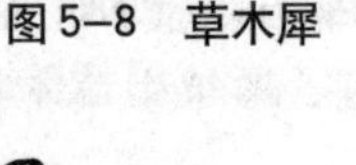

图5–8　草木犀

（3）**毛叶苕子**　也叫长柔毛野豌豆。一、二年生豆科植物。根系发达，主根粗大，侧根细而多。茎柔软，葡萄藤状，密生灰色茸毛（图5–9）。耐阴湿，耐旱，也耐瘠薄，耐盐碱，耐酸，适应性强。但怕涝，怕热。毛叶苕子适合在各种土壤上种植，但在砂土中生长更好。可种于果树行间。在北方果园，于秋季或早春播种，作为覆盖绿肥。第二年夏初，将其翻压作绿肥；或继续用它覆盖地面，以抑制杂草，保持水土，防止夏季高温对果树根系产生的不良影响。

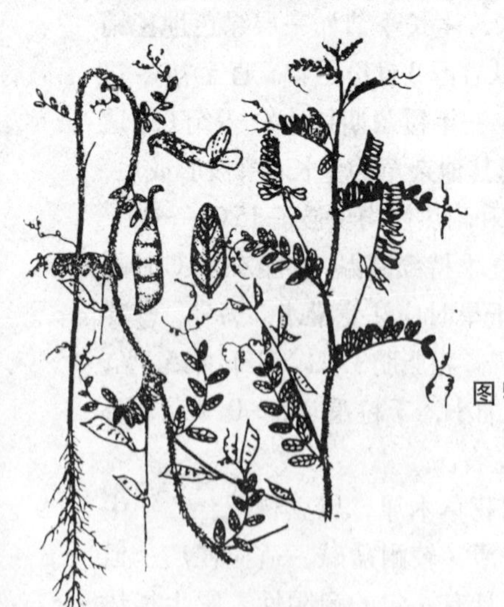

图5–9　毛叶苕子

（4）**扁茎黄芪**　又名蔓黄芪。属豆科多年生草本植物。主根不长，但侧根发达，主要分布在土壤15～30厘米深的范围内。根瘤量大，固氮能力强，是改良贫瘠土壤的良好生草种类。分枝多，茎匍匐生长，节上易生不定根。覆盖率高。水土保持性能好。春季生长慢，与果树争肥水矛盾小。青草期长，耐刈割。耐阴，耐践踏。对土壤适应性强，耐旱，耐瘠薄，是干旱丘陵山区苹果园优良的生草植物。种子小，千粒重1.5～2.4克，每667平方米播种用量为0.5千克左右。

（5）**小冠花**　属豆科，多年生草本植物。因花序呈伞形，由10余朵小花呈环状紧密排列于花梗顶端似皇冠，故称小冠花（图5–10）。主根较粗壮，侧根发达，在10～20厘米深的土层中横向串生，不定根极多，再生能力强。密生根瘤，固氮能力强。茎叶翠绿，柔嫩，茎丛生，匍匐或半匍匐生长。枝叶茂密，抑制杂草能力强，耐刈割。产草量大，每667平方米年产草量为1500～2000千克。适应性广，耐阴，耐踩踏，耐寒，耐旱，耐高温，但不耐涝。种子小，千粒重4.0～4.5克，667平方米的播种量为0.5千克左右。

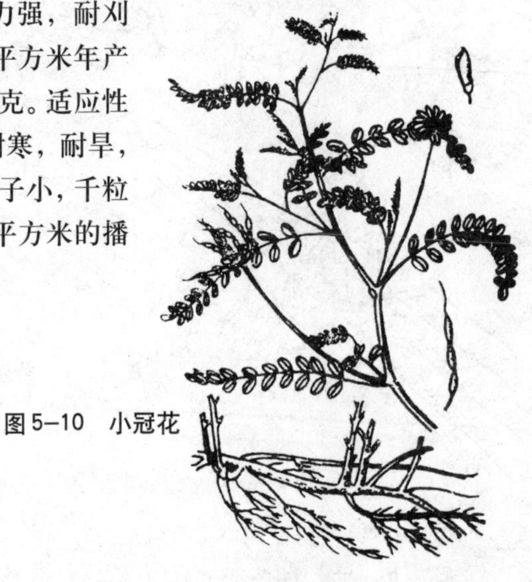

图5–10　小冠花

2. 播　种

（1）**播种时期**　春、夏、秋三季均可播种，但以春、秋季播种较好。春播以4月中下旬至5月份为宜。秋播宜早，以8月份为较好，过晚不利于幼苗越冬。播种最好在雨后或灌溉后趁墒进行，以使出苗整齐。

（2）**整地**　播种前要细致整地。先将园内杂草清除，每667平方米撒施磷肥50千克，然后翻耕土地20～25厘米深，翻后用耧耙整平地面。

（3）**播种量**　每667平方米的播种量0.5千克左右。

（4）**播种**　果园的生草方式应根据当地的降水量来确定。

在年降水量为800毫米以上的地区，应全园生草；年降水量为500～800毫米的地区，应实行株间或行间生草。一般行间生草，株间应视树龄大小，留出1～1.5米宽的清耕带。可采用条播或撒播方式播种（图5–11）。条播时，行距为15～30厘米。播种深度一般为0.5～1.5厘米。因草种多为小籽粒，故播种不宜过深。

图5–11　条播草种

3．管　理

（1）**出苗期管理**　播种后可适当覆草，以保持地表湿度。遇土壤板结时，应及时划锄破土，以利于草种出苗。

（2）**幼苗期管理**　幼苗期是关系到生草能否成功和促进草坪尽快形成的关键时期，因此，搞好幼苗期管理非常重要。在生产中，常有因幼苗期疏于管理，而造成幼苗干枯死亡或被杂草淹没，从而导致种草失败的教训。幼苗期管理的关键措施：一是及时清除杂草。可采用人工拔除或使用除草剂的方式去除杂草。据试验，种植白三叶草时，喷用盖草能或闲锄等除草剂，能有效地灭杀杂草，而不损伤白三叶草。但为了安全，在大面积应用前最好先进行小面积试验，以确定施用的最佳浓度。二是遇到干旱要及时适当灌水补墒。灌溉时应用小水，最好采用微喷灌水方式。同时，可结合灌水补施少量氮肥。也可在幼苗期进行叶面喷肥，喷布浓度为0.2%～0.3%的尿素液2～3次。三是出现断垄或缺苗的地块，应及时补苗。

(3) **成坪后的管理** 当生草渡过幼苗期而成坪后，可在果园保持3～6年。此期间的管理工作，主要是施肥和灌水。施肥应于每年春、秋季结合果树施肥进行，或在刈割草后进行。肥料种类应以磷、钾肥为主。与果树施肥相结合时，对草的施肥量参照果树施肥量标准；单一给草施肥时，施肥量酌减。施肥后应适量灌水。前已述及，生草可保持果园土壤水分，但并不等于能产生水分。所以，当遇到较重干旱时，应及时适量灌水，以确保草的正常生长。

(4) **刈割** 刈割也是生草很重要的管理措施。当草已成坪并达到一定的覆盖高度时，就要刈割，以控制其旺长。一般当草长到30厘米左右时，就应刈割（图5-12）。

图5-12 刈 草

根据草的生长情况，全年可刈割1～3次。刈割时，留茬高度一般为5～10厘米。割下来的草，应覆盖在树盘下。割草可采用人工或割草机进行。最好使用专用割草机，以提高工效，并使草的高度整齐一致；还可将割下的草按要求撒到树下（图5-13）。晚秋长起来的草应当保留，不再刈割，以使草被冬季覆盖地面。

图5-13 利用割草机割草覆盖

（5）**草的更新** 果园生草3～6年后，草开始老化。同时，土壤表层形成了一个盘根错节的“板结层”，对果树根系的生长和吸收有不良影响。因此，应及时进行草的更新。其更新方法是，实行深翻灭草，即将草和表层的有机质翻入土中，行间采用清耕法或免耕法休闲一年，再重新种草，继续下1个周期。

第六章　整形修剪

一、整形修剪的目的与原则

整形修剪，是依据果树生物学特性及对果实产量、质量要求，针对果树个体和群体设计的树体结构、枝组配备和相应的技术环节，以形成和保护好树冠的重要管理措施。通过改善通风光照条件，提高果树的光合效率；通过调节生长与结果的关系，促进生长与结果的平衡，达到立体结果的效果；通过合理负载及微环境技术，增进果实外观和内在品质，从而达到早果、丰产、稳产、优质与高效的生产目的。

苹果栽培由乔化稀植到矮化密植、由一味追求果实产量到重视果实品质的转变，促使苹果整形修剪技术也发生了重大的变革。整形树冠由大冠变小冠，结构由复杂变简化，修剪时期由重视冬剪变为休眠期修剪与生长期修剪并重。其修剪方法是，由重视短截变为重视疏枝与长放，修剪程度也由重剪变为轻剪。这一系列的变化，都是苹果整形修剪技术的改进和发展。

二、苹果树体结构、枝条类型与特性

1. 树体结构

一棵苹果树，在没有开花结果的情况下，从大的方面看，由树冠、主干和根系组成。根系又称地下部分，主干和树冠合称为地上部分。树冠由中心干、主枝、侧枝、枝组和大量的叶片所组成（图6–1）。

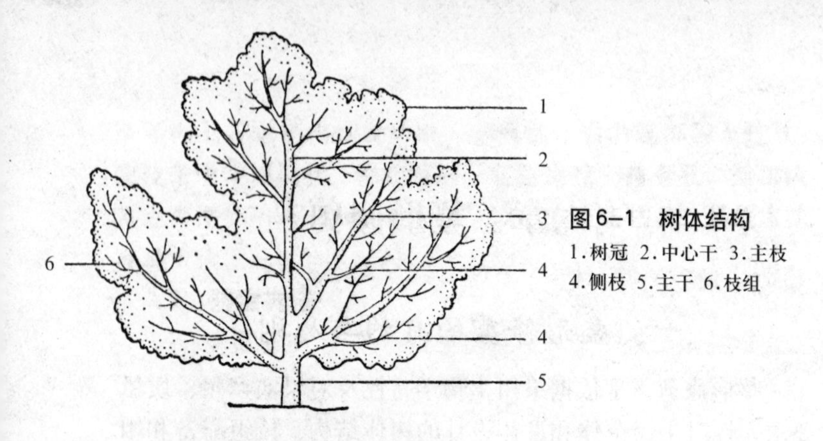

图 6–1　树体结构

1.树冠　2.中心干　3.主枝
4.侧枝　5.主干　6.枝组

2. 一年生枝与芽的异质性

一年生枝有两种生长类型。一种是仅一次生长所形成的，它只有春梢。这种类型的枝条，盛果期树较多，初果期多为中、短枝，有利于形成果枝。另一种是由两次生长形成，有春梢、秋梢之别。由于夏季枝条生长缓慢，中间形成轮痕（盲节），幼树与初果期枝梢生长旺盛，因而此类型枝较多，有利于扩大树冠（图 6–2）。

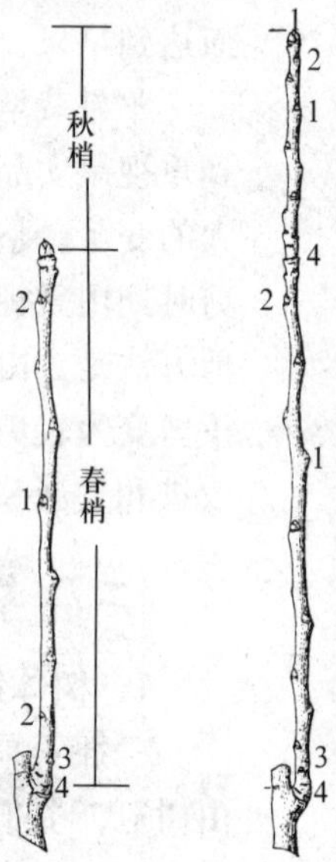

图 6–2　芽的异质性

1.饱芽　2.半饱芽
3.瘪芽　4.轮痕

3. 顶端优势

枝条生长姿态不同，其顶端优势的表现也不同(图 6–3)。

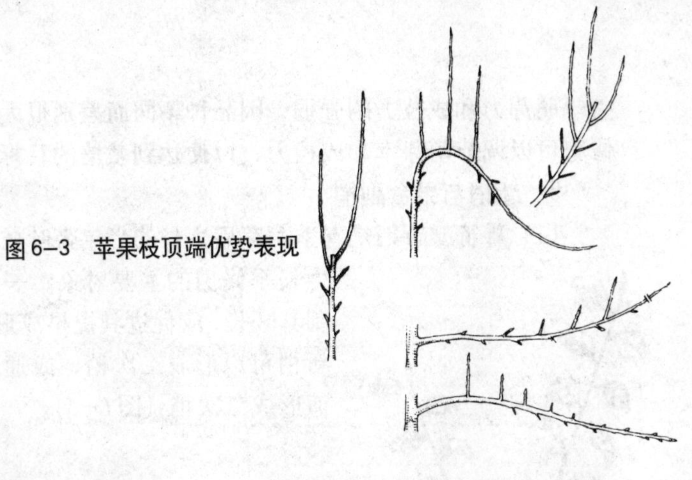

图 6–3　苹果枝顶端优势表现

顶端优势，即极性，可分为先端优势和垂直优势。先端优势，是指凡枝条先端的芽，萌发强，长势旺，而抑制其下方各芽的萌发和生长，使其依次减弱。垂直优势，是指凡处于垂直位置的芽，萌芽力和生长势都较强。直立枝上顶牙，兼具两种优势，因而抽梢最强。利用顶端优势，可以促进枝条生长和树冠扩大；抑制顶端优势，可以控制枝条生长，促生中、短枝萌发，有利于成花。

4．萌芽力与成枝力

萌芽力，是指一年生枝上芽萌发能力的大小。萌芽后，抽生长枝的能力叫成枝力。

萌芽力和成枝力都强的树，抽枝多，树冠容易郁闭；萌芽力强，成枝力弱的树，易形成中、短枝，一般结果较早（图 6–4）。

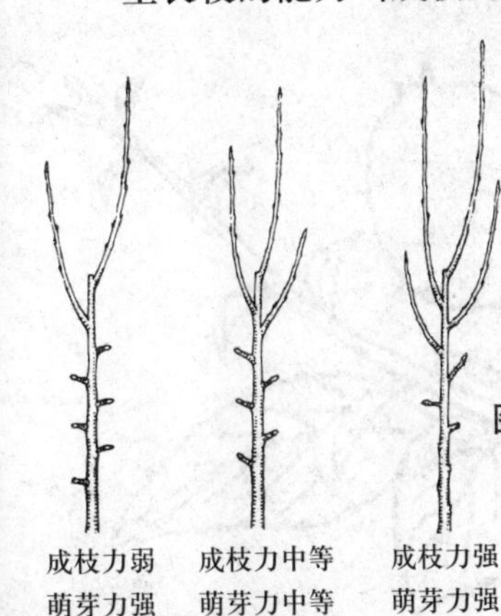

图 6–4　萌芽力与成枝力

萌芽力和成枝力的强弱，因品种不同而差别很大。整形修剪可以调节萌芽率和成枝力，以便达到栽培的目标。

5．新梢与果台副梢

（1）**新梢**　新梢是春季萌芽后生长的当年带叶枝条，是生长季修剪的主要对象。一般要控制其旺长，或促进其提早成形。有的新梢可以形成二次梢，或通过摘心而形成二次梢（图 6–5）。

图 6–5　新　梢

（2）**果台副梢**　果台副梢是一种特殊的新梢。通常是控制其旺长，以保证果台坐果及促进果实生长。有时也要利用果台副梢成花，在第二年结果（图 6–6）。

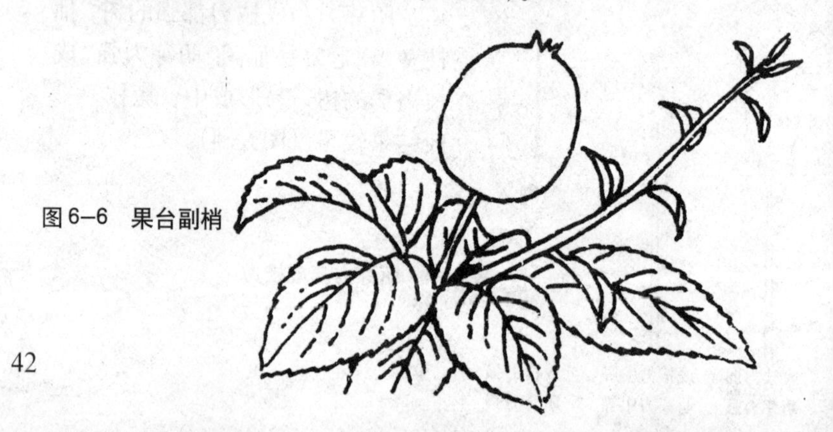

图 6–6　果台副梢

6. 骨 干 枝

骨干枝，构成定型果树树冠的骨架，是永久性枝干。骨干枝包括主干、中心干、主枝以及固定的大型枝组（图6–7）。

整形的主要任务，就是按照既定的树形，逐年完成骨干枝的配置工作。选留骨干枝的位置，它与中心干的夹角即开张角度的大小；基部粗度与中心干相同位置粗度的比例，骨干枝的尖削度，以及大型结果枝组的选配空间等，都应合理地加以解决，都是培养骨干枝的关键问题。

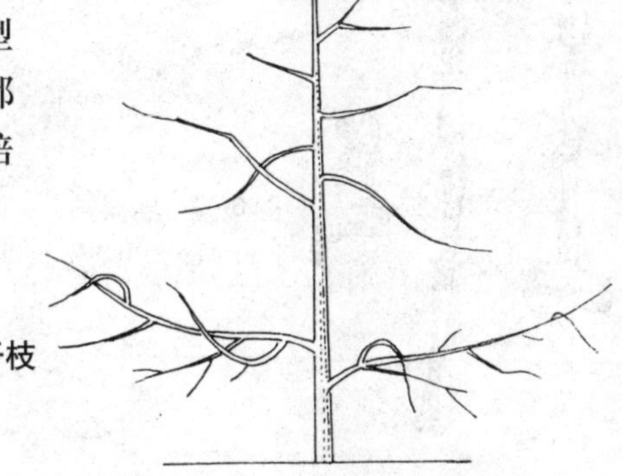

图6–7　骨干枝

7. 辅 养 枝

对于苹果幼树与初果树，在其骨干枝还未占据的空间内，保留一些较大的枝条和枝组，辅养树体生长。这些枝条和枝组是非永久性枝，称辅养枝（图6–8）。幼树及初结果树，主要利用辅养枝早结果。随着骨干枝占据空间的增大，结果枝组培养的到位，对辅养枝应逐步加以控制，将其改造成中、小结果枝组，或完全疏除。

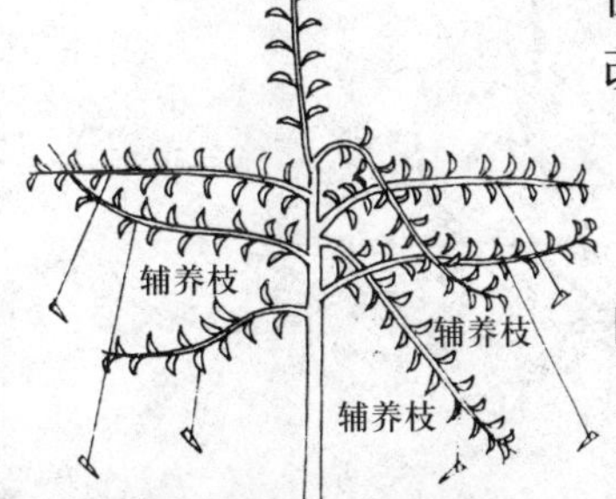

图6–8　辅养枝

8．结果枝与结果枝组

（1）**结果枝**　苹果树有四类果枝：短于5厘米的称短果枝；长5～15厘米之间的果枝称中果枝；长于15厘米的称长果枝；另外，还有腋花芽果枝。

苹果树在初果期，多为中、长果枝结果，有时也可利用腋花芽果枝控制树势旺长。在盛果期，苹果树主要是中、短果枝结果（图6–9）。

图6–9　结果枝

1.长果枝 2.中果枝 3.短果枝

（2）**结果枝组**　苹果树的结果枝组，分为小型枝组、中型枝组和大型枝组三种类型（图6–10）。

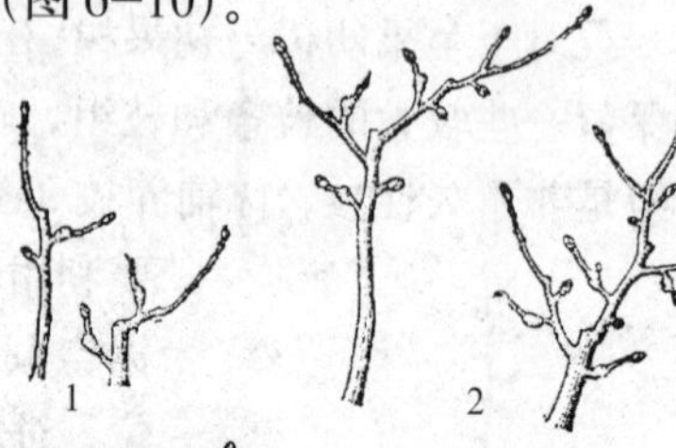

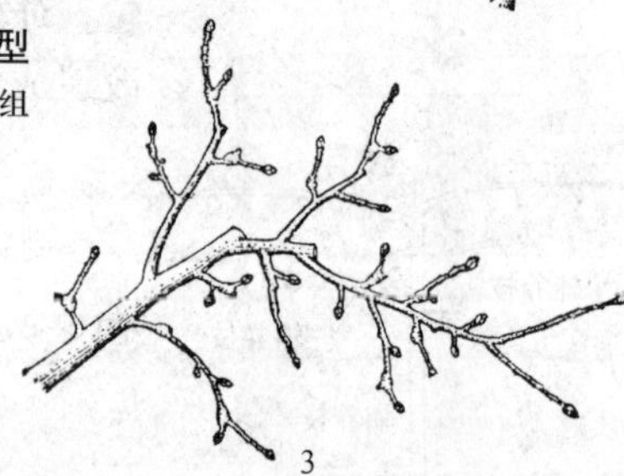

图6–10　枝组的类型

1.小型枝组　2.中型枝组

3.大型枝组

①**小型枝组** 生长点在10个以下，长度在30厘米以下，具有1~2级分枝。

②**中型枝组** 生长点在10~20个，长度在30~50厘米之间，枝级在4级分枝以下。

③**大型枝组** 生长点在20个以上，长度在50厘米以上。有单轴和多轴类型。

结果枝组的培养和配置，是整形修剪的主要任务之一。结果枝组分为直立、侧生和下垂三种。直立枝组多以小型枝组为主，侧生枝组稳定，旺盛树要利用好下垂枝组。

三、修剪方法及作用

苹果树冬季修剪方式，有长放、短截、疏枝和回缩等；生长季修剪方式，有刻芽、摘心、扭梢、环剥、拿枝和拉枝等。这些修剪方式的操作方法分别如下：

1. 长 放

对一年生枝不剪，保留原状态称长放。

(1) **直立枝长放** 对长放的直立枝，让它继续延伸生长，减小萌芽率，减少侧生长枝形成，使其不易形成花芽(图6-11)。

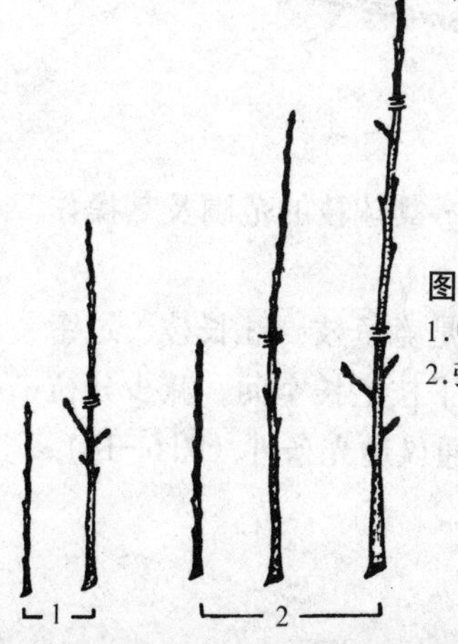

图6-11 直立枝长放

1.中庸直立枝长放

2.强旺直立枝长放

(2) **中庸平斜枝缓放** 这种枝条缓放后，生长势缓和，萌芽率较高，形成中、短枝，易形成花芽(图6–12)。

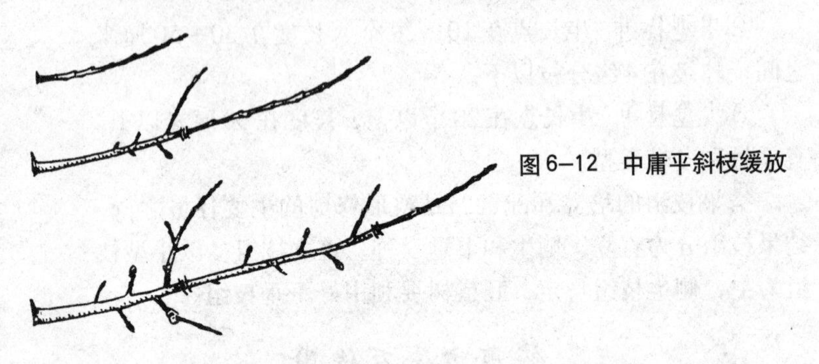

图6–12 中庸平斜枝缓放

(3) **强旺平斜枝缓放** 强旺平斜枝连续长放，可缓和生长势，减少侧枝和生长枝形成，第二、第三年生枝段上，可形成中、短枝和花芽（图6–13）。

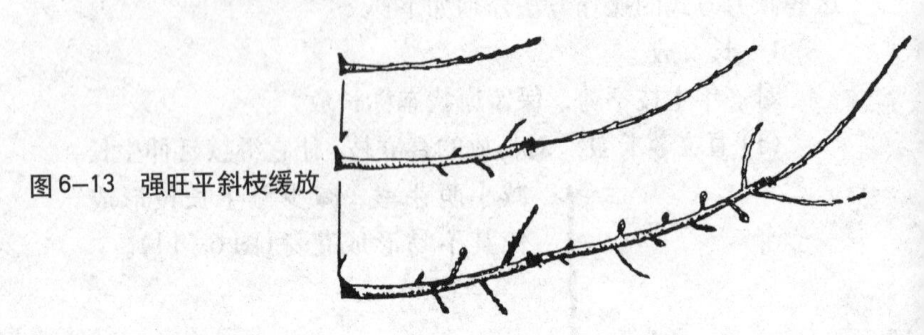

图6–13 强旺平斜枝缓放

2. 疏 枝

从枝条（干）基部剪除称疏枝。其疏枝的范围及其操作方法如下：

(1) **疏一年生枝** 一般疏除的是竞争枝、旺长枝、过密枝和轮生枝等。其作用是，保证骨干枝生长空间，减少分枝量；控制母枝的生长势，改善树冠通风透光条件（图6–14）。

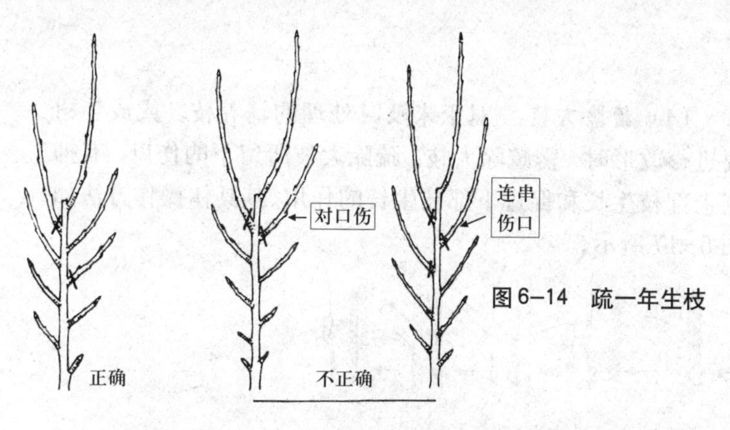

图 6–14　疏一年生枝

（2）**疏果枝**　在盛果期去掉过多果枝和弱花枝，调节结果数量，复壮结果枝组，控制连年结果能力（图 6–15）。

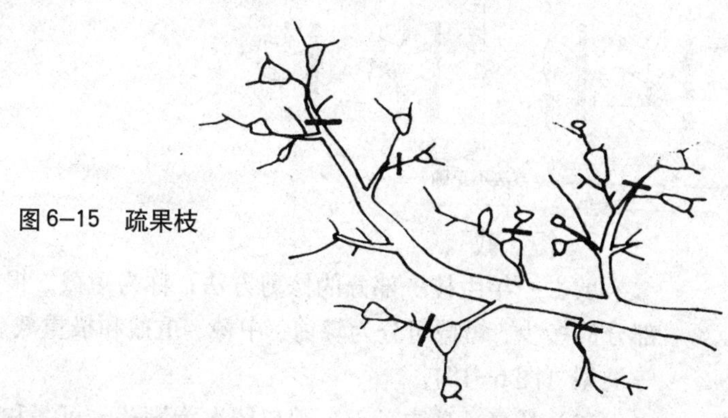
图 6–15　疏果枝

（3）**疏除背上直立枝、下垂弱枝、重叠枝及密生枝等**　疏除这些枝条，可改善通风透光，均衡树势，集中营养，扶强结果枝组（图 6–16）。

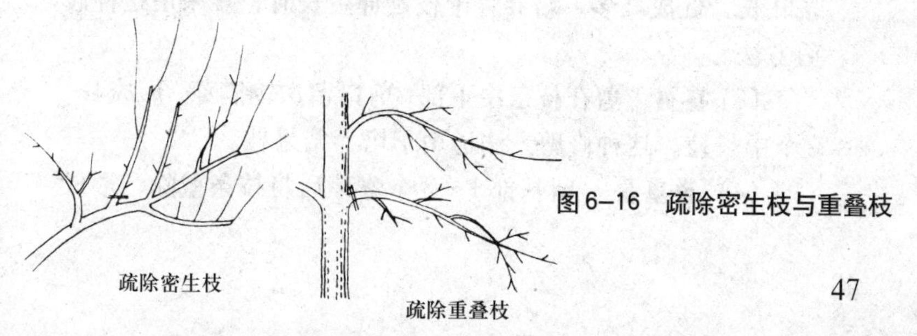

图 6–16　疏除密生枝与重叠枝

（4）**疏除大枝**　对于未及时处理的辅养枝，或成年树要进行改形时，需疏除大枝。疏除大枝所留下的伤口，有抑制上部枝生长和促进下部枝生长的作用。其具体操作方法如图 6–17 所示。

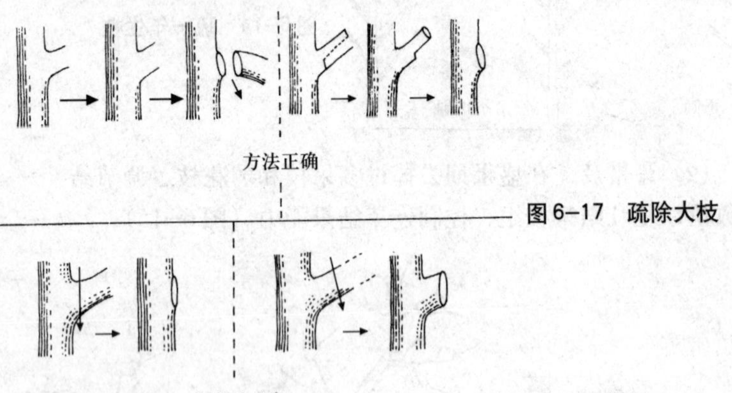

图 6–17　疏除大枝

3. 短　截

剪去一年生枝一部分的修剪方法，称为短截。根据剪去部分的多少，短截可分为轻剪、中截、重截和极重截（台剪）等类型（图 6–18）。

（1）**轻剪**　剪去顶部，剪口留次饱满芽。可缓和枝条生长，多形成中短枝。

（2）**中截**　剪在枝条中上部，剪口留饱满芽。可促进枝条旺长，促成枝多。培养骨干枝延伸生长时，多采用这种修剪方法。

（3）**重截**　剪在枝条中下部，剪口留次饱满芽，形成 1～2 个中长枝。这种修剪方法适用于培养结果枝。

（4）**极重截**　留基部 1～2 个瘪芽后将枝条截除，形成

1～2个中庸枝。这种修剪方法适用于促成花芽或培养小枝组。

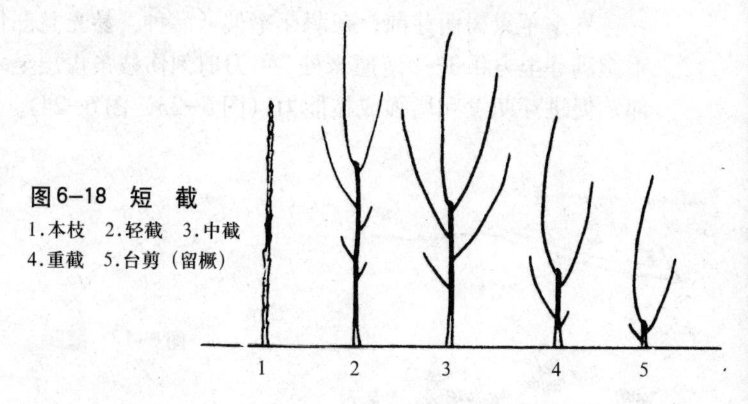

图6-18　短　截

1.本枝　2.轻截　3.中截

4.重截　5.台剪（留橛）

4. 回　缩

在多年生枝的部位进行截剪的修剪方法，称为回缩。回缩的主要功用是，减小延长空间，复壮结果枝组（图6-19至图6-22）。

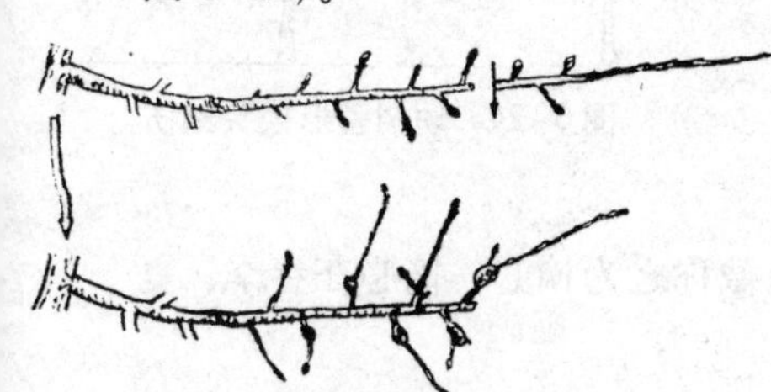

图6-19　单轴花枝回缩

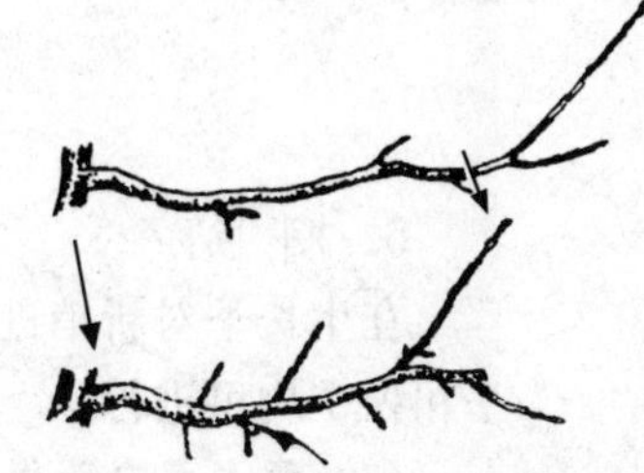

图6-20　多年光腿枝回缩

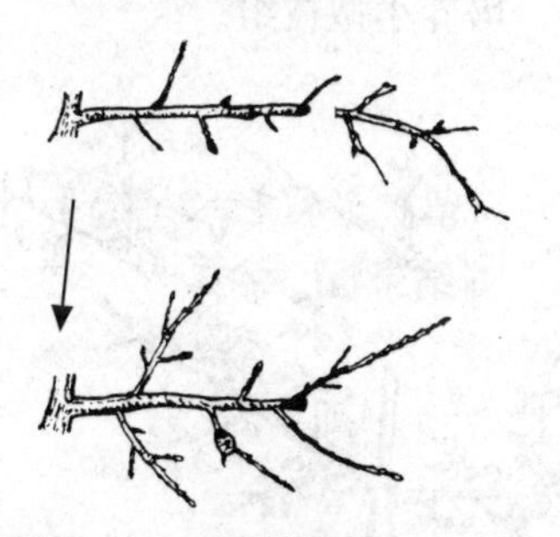

图6-21　下垂枝回缩

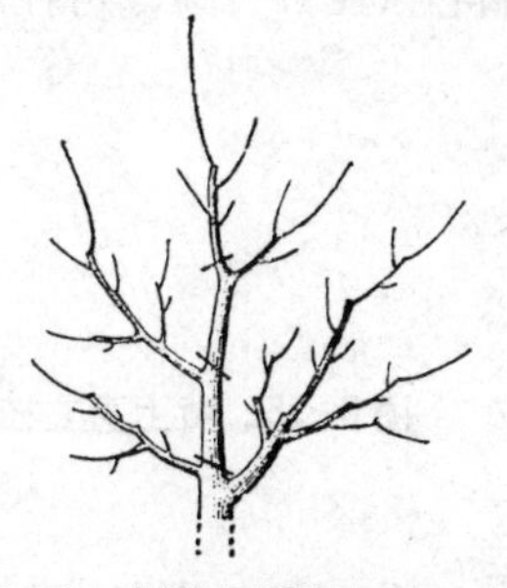

图6-22　领导干落头开心

5．刻　芽

春季苹果树萌芽前，在萌芽率偏低品种、易光秃部位和不饱满芽上方0.3～0.5厘米处，用刀剪刻伤枝条皮层至木质部，促进芽萌发和增强成枝能力（图6–23，图6–24）。

图6–23　光秃辅养枝刻伤

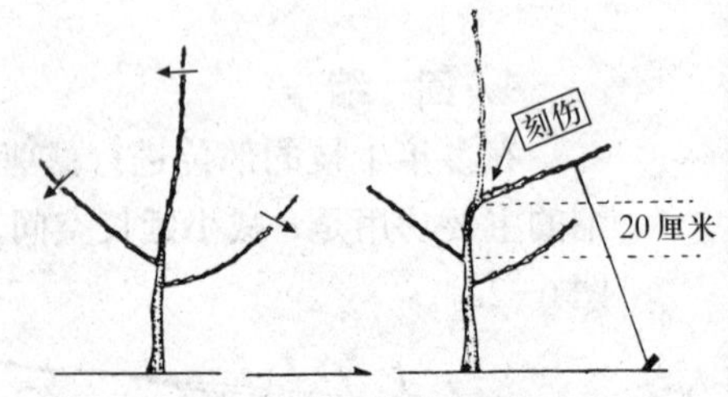

图6–24　幼树整形换头刻伤

6．摘　心

在生长季对新梢进行短截称之为摘心。摘心在春季、夏季和秋季均可进行。

(1) **背上直立新梢摘心**　对苹果树的背上直立新梢进行摘心（图6–25），可控制过旺生长，培养小型枝组。

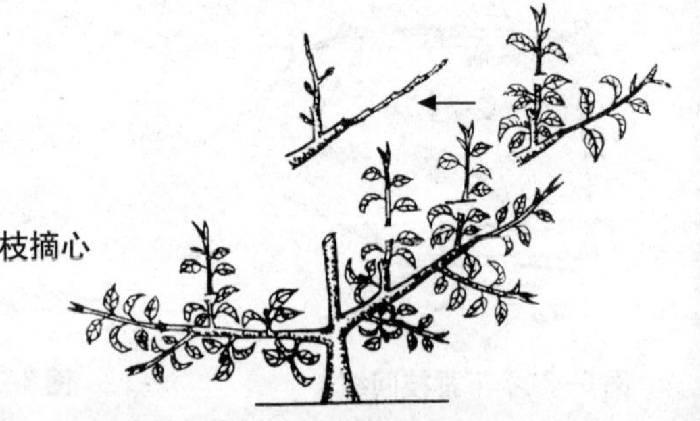

图6–25　背上直立枝摘心

（2）**骨干枝延长新梢摘心**　对骨干枝延长新梢进行摘心（图6–26），可控制过旺生长，促进二次分枝，加速树体成形。

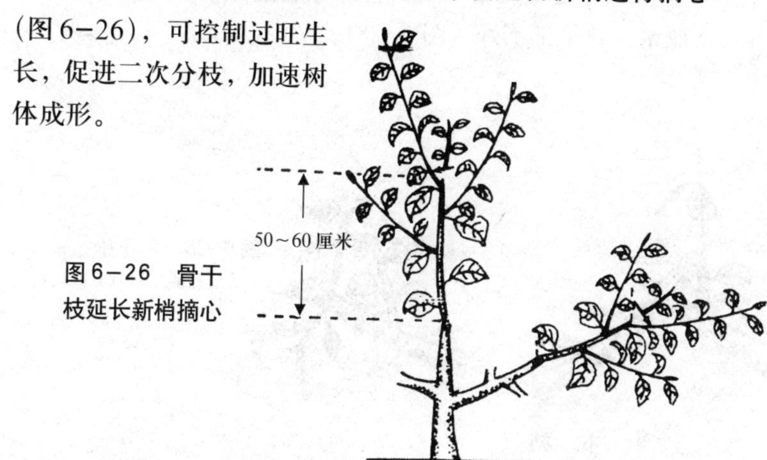

图6–26　骨干枝延长新梢摘心

7. 扭　梢

5～6月份，当苹果树新梢生长到15～25厘米、半木质化时，对背上直立新梢、竞争新梢和辅养枝新梢等，从基部5厘米以内用手扭转180°角，使之成斜生或下垂状。扭梢对于控制新梢旺长，促进成花，培养背上小型结果枝组，有明显的效果。

（1）**正确扭梢**　正确扭梢及扭梢摘心交替应用如图6–27所示。

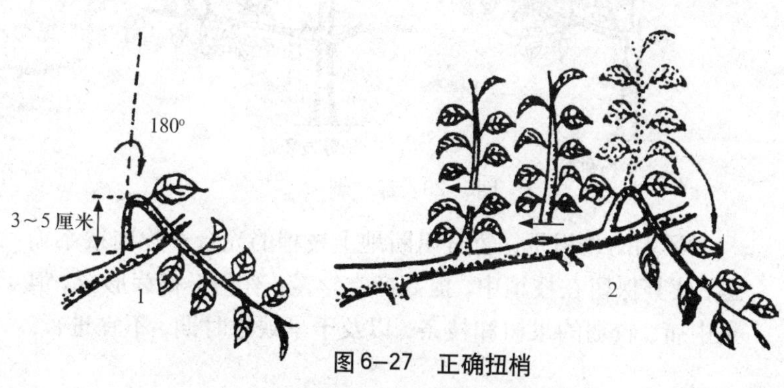

图6–27　正确扭梢

1.正确操作 2.扭梢与摘心交替应用

（2）**不正确扭梢**　对新梢操作过重，或是留直立段超过5厘米，效果都不好（图6–28）。

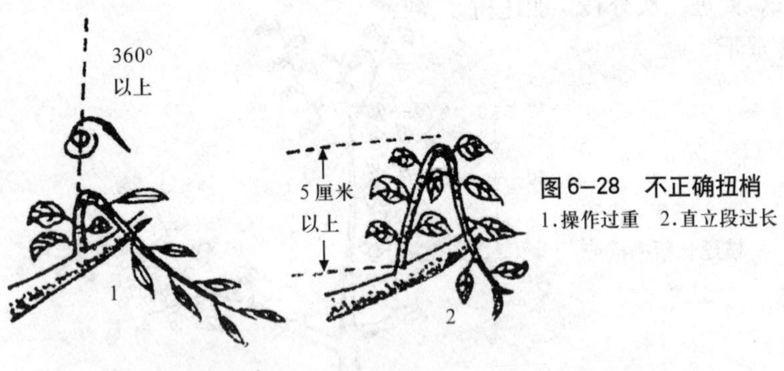

图6–28　不正确扭梢
1.操作过重　2.直立段过长

8．环　剥

在3～6年的初果期果树，若生长偏旺，结果较少，可以在初夏花芽形成前，对主干或主枝基部10～15厘米处，环状剥去1厘米左右宽的皮层。宽度以枝干直径的1/10左右为宜，但一般不超过1.5厘米。刀口要对齐，宽度要均匀，剥口要平滑，剥后用塑料薄膜保护，有利于愈合（图6–29）。

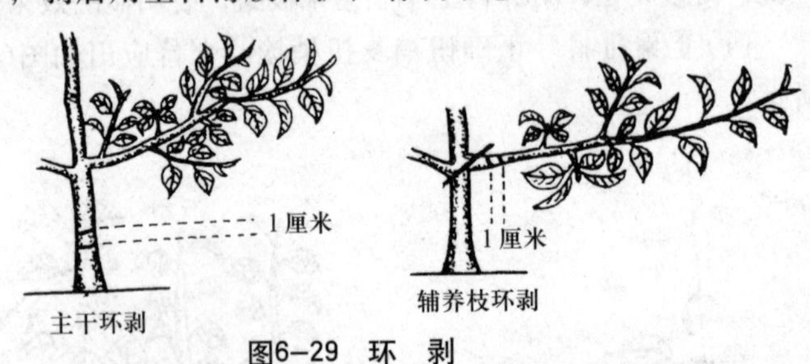

图6–29　环　剥

环剥的作用是，暂时阻断地上枝梢的光合产物向根系输送，使其保留在枝梢中，提高糖类含量，有利于花芽形成。但是中庸、较弱的果树和枝条，以及干旱缺水时期，不宜进行。

9. 拿 枝

在夏、秋季，当新梢长度超过0.5米，生长直立，或开张角度太小、长势仍然旺盛时，就需要控制它旺长，使它改变生长方向，促进潜芽形成。这时，可在新梢基部5~10厘米内，用单手握住枝条，轻轻折枝。当感到木质部破裂，而枝条不断，皮层无明显损伤即可。移动3~5次，使放手后枝条改变方向。如果枝条较粗大，也可以用双手进行拿枝（图6-30）。

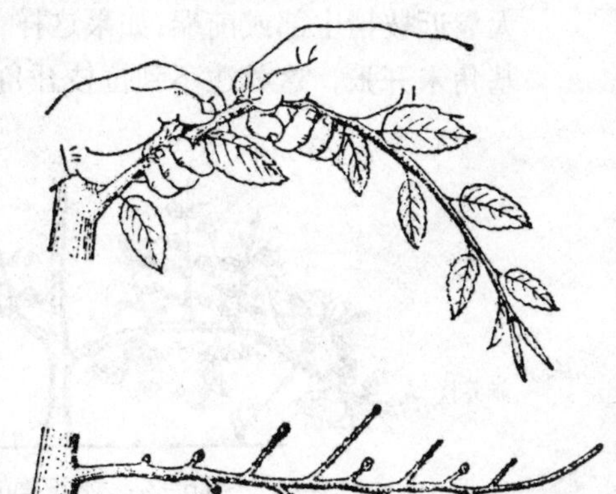

图6-30 拿 枝

10. 拉 枝

一般在春季或秋季进行。主要用于在幼树整形期，对骨干枝及辅养枝的开角变向（图6-31）。拉枝对于扩大树冠、改善光照、缓和枝势和提早结果，可产生良好效果。

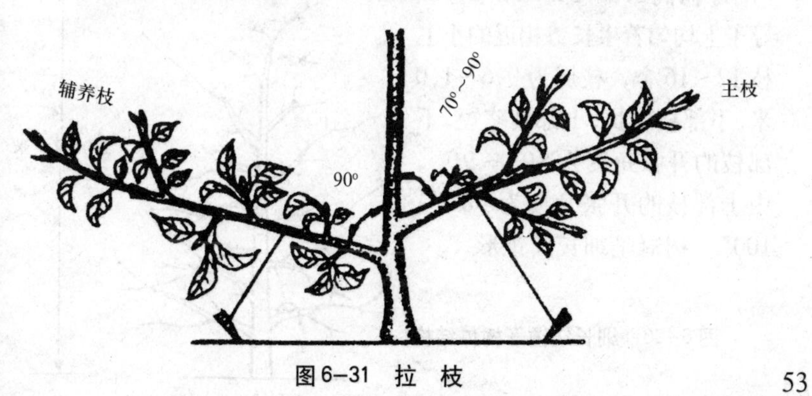

图6-31 拉 枝

（1）**幼树拉枝** 小冠疏层形幼树的拉枝开张角度为70°～80°；纺锤形幼树的拉枝开张角度为80°～90°。

（2）**采用正确的拉枝方法** 拉枝时，绳子绑捆处不能太紧，最好在绑捆处垫一块木片，以避免损伤枝条。在枝上绑绳子时，要尽量靠近基部，并且要能拉开基角。绑绳处不能太靠近枝梢中部或前端；如果这样，就会使所拉枝成弓形，或基角未开张，这就达不到拉枝开角变向的目的（图6–32）。

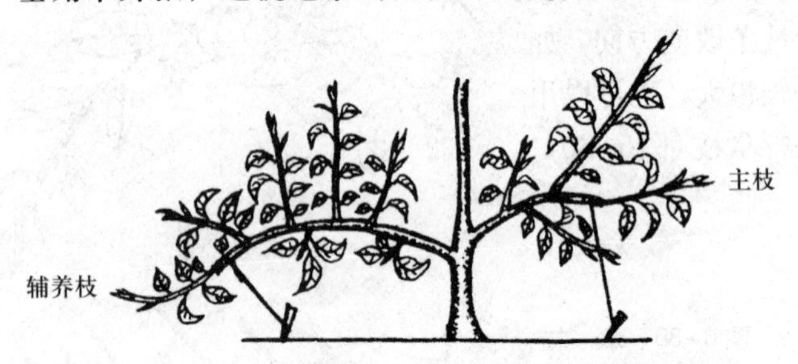

图6–32 不正确的拉枝法

四、苹果基本树形及其整形技术

1．细长纺锤形

（1）**树体结构** 细长纺锤形苹果树的树体结构如图6–33所示。树高2.0～2.5米，中心领导干上均匀着生长势相近的小主枝12～16个，枝展为0.6～1.0米。下部枝略长，上部枝略短。下部枝的开张角度为80°～90°，中上部枝的开张角度为90°～100°，树冠呈细长圆锥形。

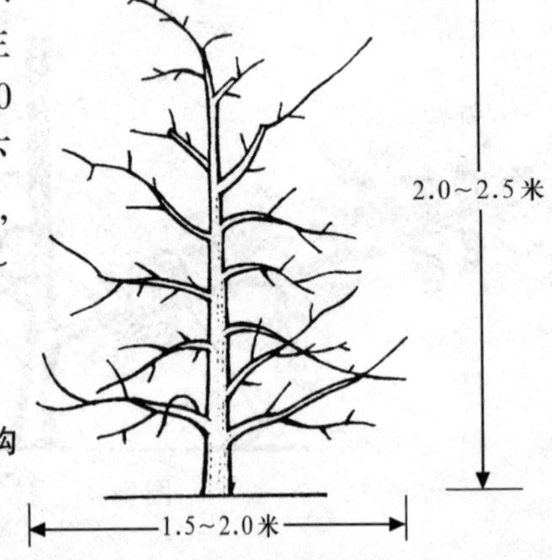

图6–33 细长纺锤形树体结构

(2) **整形技术要点**

①栽后第一年的整形修剪　这一年的整形修剪工作是：春季栽植定干，夏季扭梢，秋季拉枝（图6–34）。

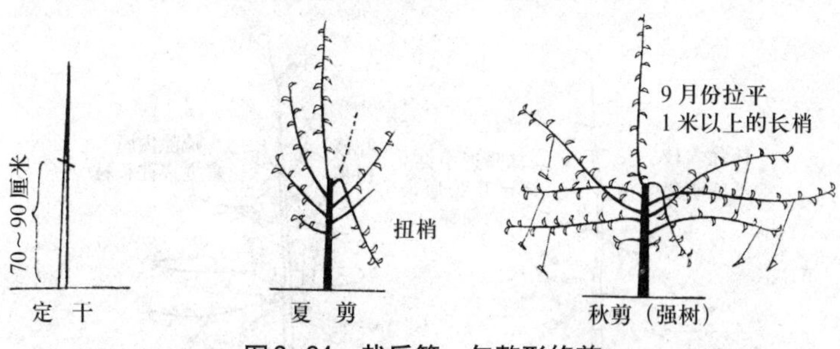

图6–34　栽后第一年整形修剪

②栽后第二年的整形修剪　春季进行抹芽和拉枝，夏季进行抹芽、疏剪或扭梢，秋季进行拉枝，并疏除徒长枝，冬季疏除竞争枝、重叠密生枝和直立枝（图6–35）。

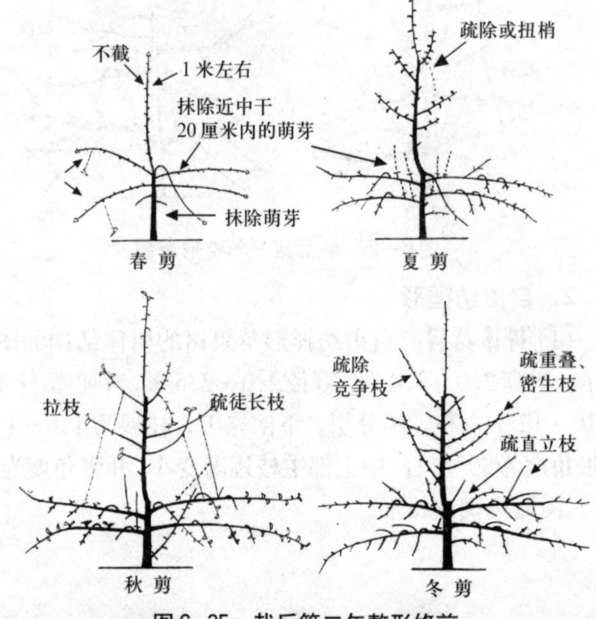

图6–35　栽后第二年整形修剪

③栽后第三年的整形修剪　春季进行抹芽。夏季对旺枝扭梢，并疏除内膛直立、徒长枝。秋季进行疏枝、拉枝和拿枝。冬季要疏除上部过强枝和直立枝（图3–36）。

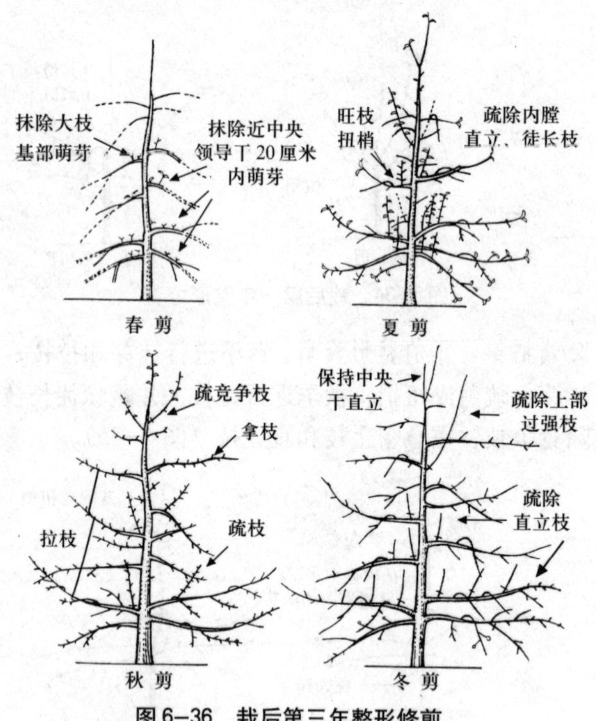

图6–36　栽后第三年整形修剪

2. 自由纺锤形

(1) **树体结构**　自由纺锤形苹果树的树体结构如图6–37所示。树高2.0～3.0米，冠径2.0～2.5米，中心领导干上着生10～12个主枝，不分层。下部略大，枝展为1.0～1.2米，开张角度为80°左右。中上部主枝逐渐变小，开张角度为80°～90°。树冠呈阔圆锥形。

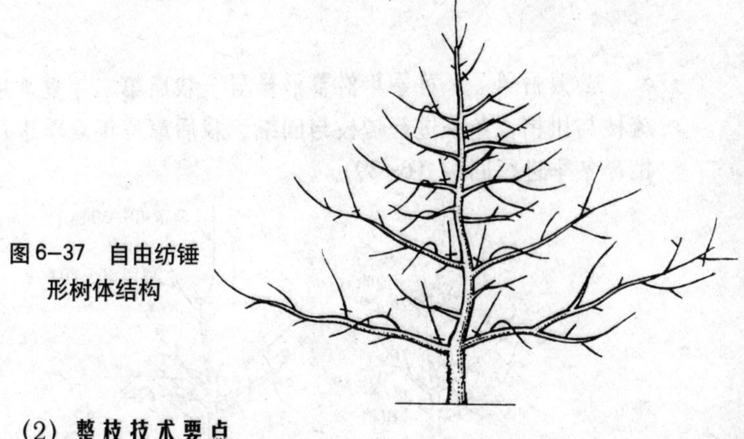

图 6-37 自由纺锤形树体结构

(2) **整枝技术要点**

①**栽后第一年整形修剪** 春季要进行定干、抹芽，夏季对竞争枝要扭梢，秋季要进行疏枝和拉枝，冬季要进行疏枝和短截及中截（图 6-38）。

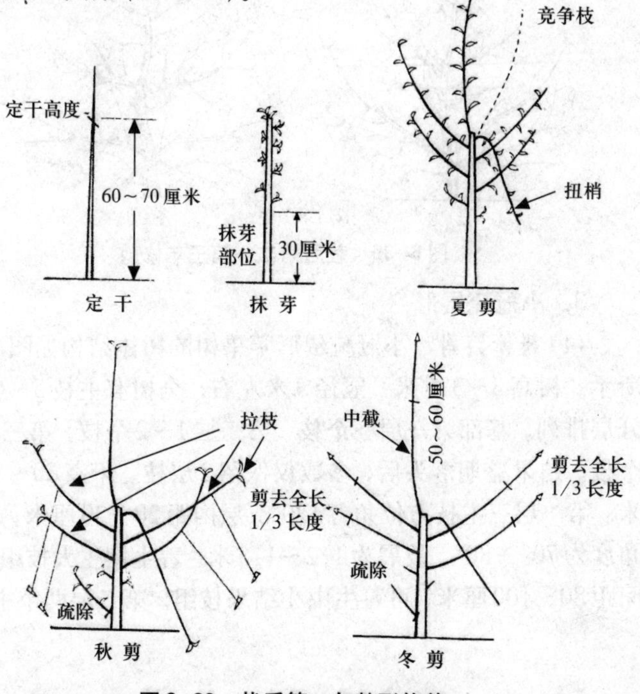

图 6-38 栽后第一年整形修剪

②栽后第二、第三年的整形修剪　栽后第二年夏季进行疏枝与扭梢，冬季进行疏枝与回缩。栽后第三年夏季进行扭梢，冬季进行回缩（6–39）。

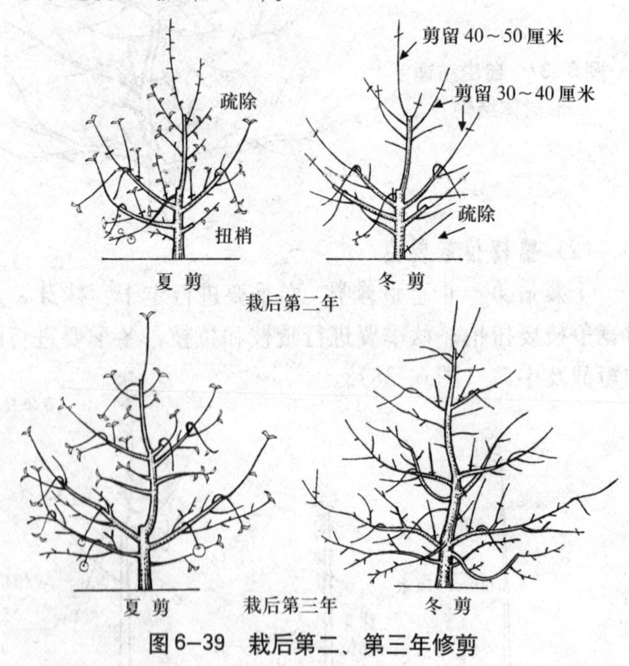

图 6–39　栽后第二、第三年修剪

3. 小冠疏层形

(1) **树体结构**　小冠疏层形苹果树的树体结构如图6–40所示。树高 3～3.5 米，冠径 3 米左右，全树有主枝 5～6 个，分层排列。基部第一层三个枝，第二层 1～2 个枝，第三层一个枝。结果盛期落头后，多数仅保留 2 层枝。干高 60～80 厘米。第一层三主枝方位角各 120°，层内距 20～30 厘米，开张角度为 70°～80°，枝展为 1.2～1.5 米，着生侧生大枝组；层间距 80～100 厘米，可着生中小结果枝组。第二层两个主枝，层内距 10～20 厘米，开长角度为 80°～90°，枝展为 1.0～1.2 米；层间距 50～60 厘米，可着生小型结果枝组。第三层一个主枝，枝展为 0.6 米左右。

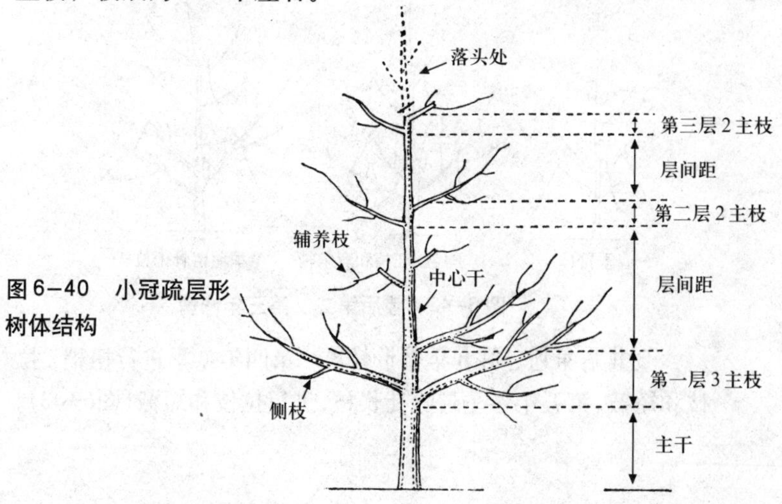

图 6–40　小冠疏层形树体结构

(2) **整形技术要点**

①**栽后第一年整形修剪**　栽后第一年在定干的基础上，夏季进行扭梢，冬季进行短截（图 6–41）。

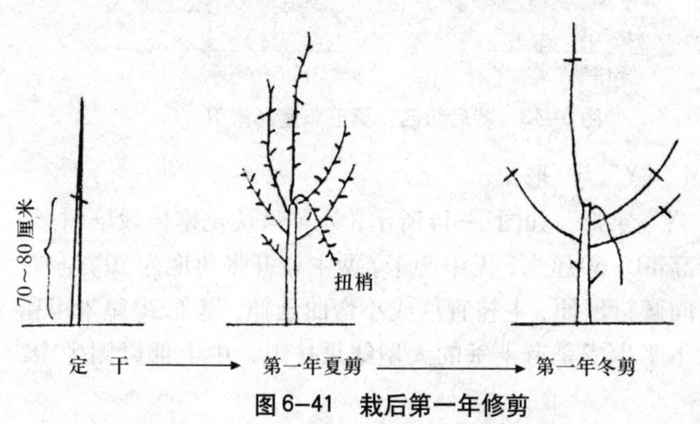

图 6–41　栽后第一年修剪

②栽后第二、第三年整形修剪　春季进行拉枝。夏季扭梢控制旺梢和竞争梢，冬季进行短截（图6–42）。

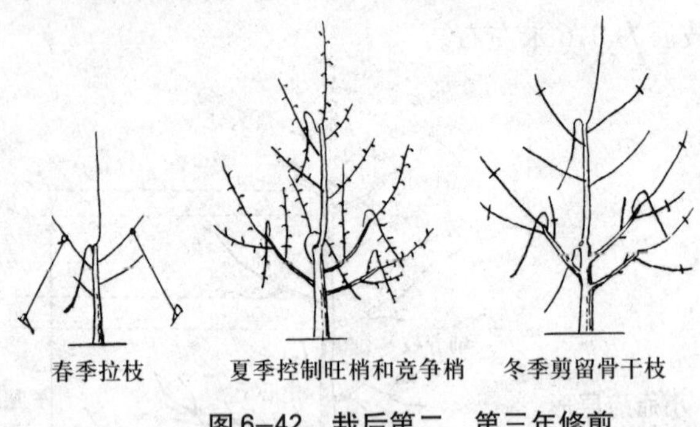

图6–42　栽后第二、第三年修剪

③栽后第四、第五年整形修剪　第四年冬季进行扭梢、拉枝和短截。第五年冬季疏除徒长枝，进行拉枝和短截（图6–43）。

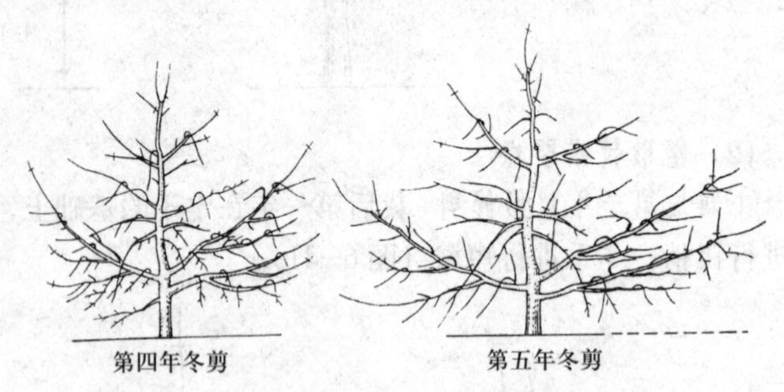

图6–43　栽后第四、第五年整形修剪

4．"Y"字形

"Y"字形，如图6–44所示，为苹果矮化密植栽培树形。主干高40～60厘米，无中心干，两主枝开张角度为50°左右，向行间倾斜延伸。主枝直线或小弯曲延伸，基部20厘米可留一背下平生或稍有下垂的大型结果枝组，中上部以侧生中、小结果枝组为主，拉平或略下垂，背上留少数小型结果枝组。树高2.0～2.5米，株间冠幅为1.5～2.0米，行间冠幅不超过3米。

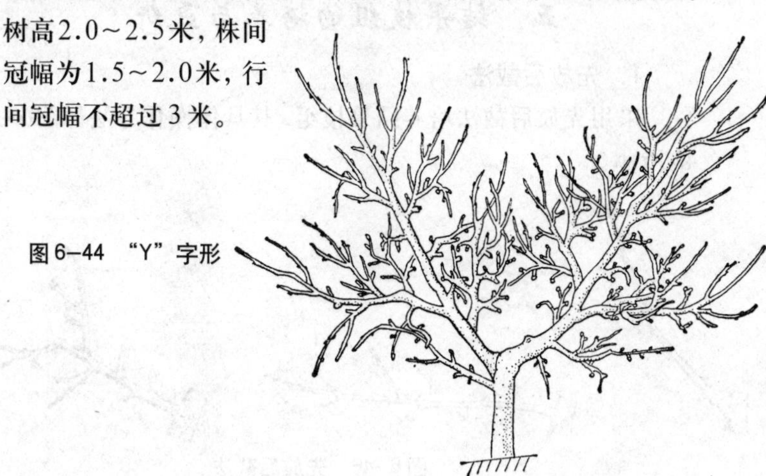

图6–44 “Y”字形

5. 开 心 形

开心形，如图6–45所示。无中心领导干。主干高50～60厘米。上方20～30厘米间着生均衡的三大主枝，三主枝间的平面角为120° 左右，一般东南和正南方向不安排主枝。每主枝上选留4～5个侧枝（大、中结果枝组），以背斜侧枝为主，背后侧枝为辅，背上只留少量小型结果枝组。树高2.5～3.0米，树冠不超过3.0米。此树形也可由小冠疏层形落头中心干改造而成。

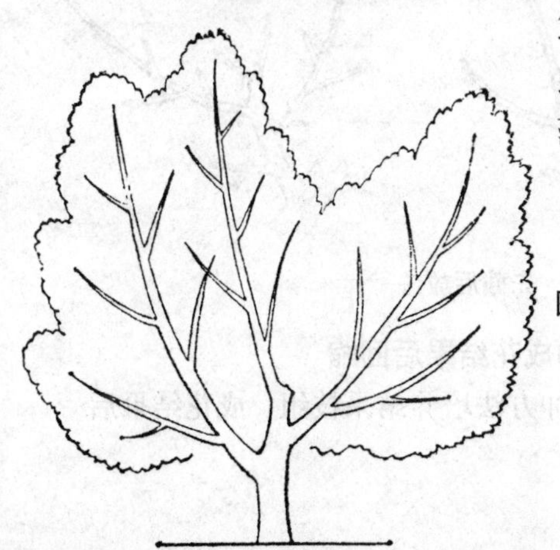

图6–45 开心形

五、结果枝组的培养与更新

1．先放后截法

采用先放后截法培养结果枝组，其具体操作方法如图6-46所示。

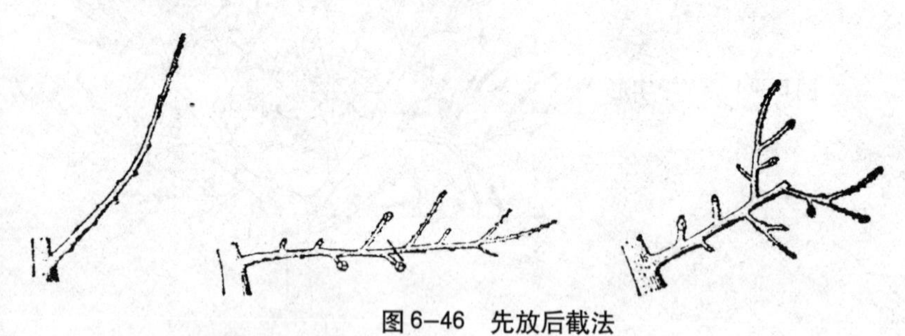

图6-46 先放后截法

2．先截后放法

采用先截后放法培养结果枝组，其具体操作方法如图6-47所示。

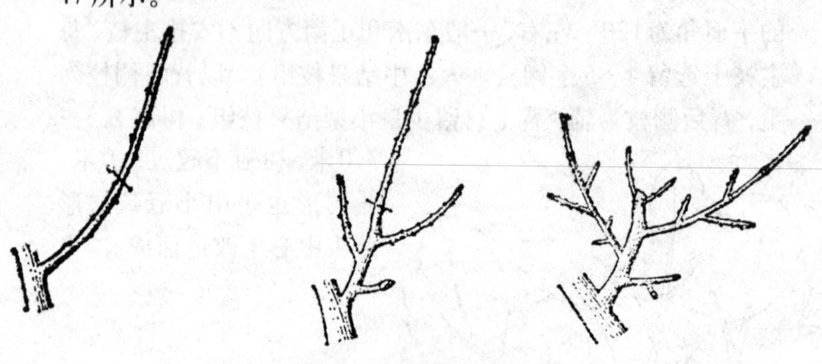

图6-47 先截后放法

3．连年长放单轴延伸成花结果后回缩

采用连年长放单轴延伸方法培养结果枝组，成花结果后

予以回缩，操作方法如图 6–48 所示。

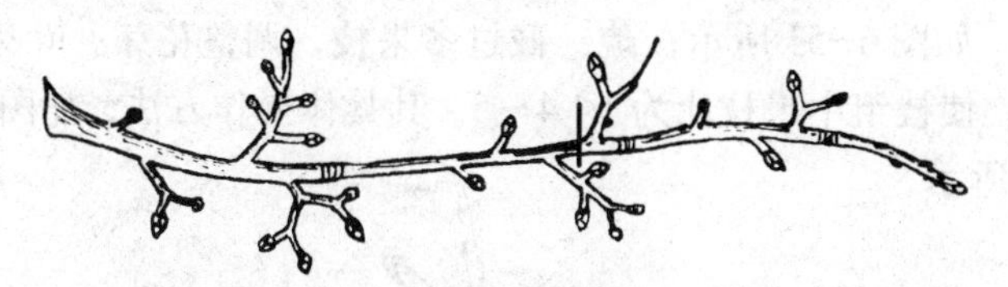

图 6–48　连年长放单轴延伸后回缩

4. 连年短截多轴延伸缓放成花

采用连年短截多轴延伸缓放法培养结果枝组。其具体操作方法如图 6–49 所示。

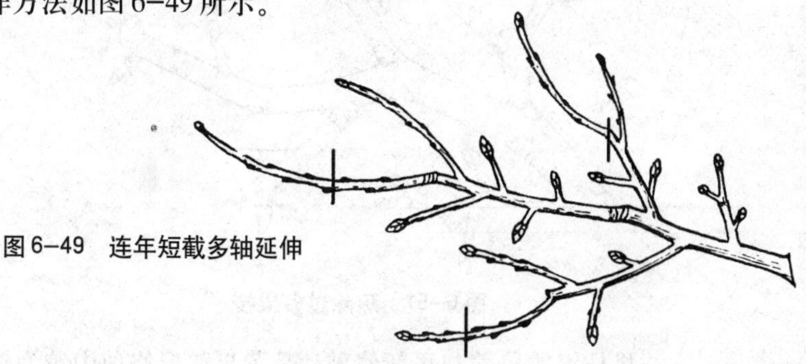

图 6–49　连年短截多轴延伸

5. 三套枝修剪法

所谓三套枝，是指结果枝、预备形成花芽枝和生长发育枝。盛果期应用三套枝修剪法，可以保证“三年一轮回，不出大小年”。其具体的修剪方法，如图 6–50 所示。

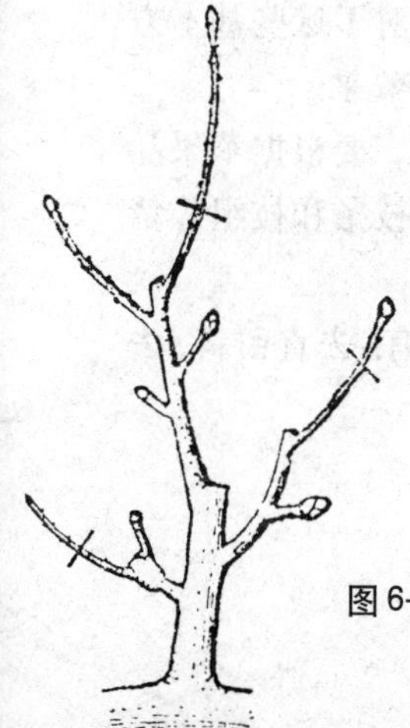

图 6–50　三套枝修剪法

6．疏、截过多的果枝

如图 6–51 所示，疏、截过多果枝，调整花芽、叶芽比例，使枝组中果枝比为 1∶4～5。其具体操作方法，如图 6–51 所示。

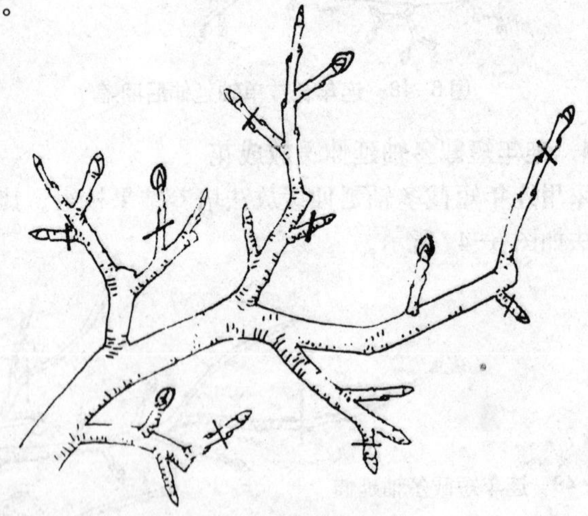

图 6–51　疏除过多果枝

结果枝组的培养与更新修剪，是苹果整形修剪中较为精细的修剪技术。以上介绍的只是基本方法。对于这些基本方法，要灵活运用，综合应用，才会收到好的效果。

结果枝组的培养与更新修剪技术的应用，要根据苹果品种、果树个体生长势、不同年龄时期、不同枝条和枝组等情况，作出合理的连年修剪的计划。

对于结果枝组，更新其枝条的一般手法有：去直留斜，去弱留壮，去密留稀，去老留新等。

第七章　疏花保果

一、疏花疏果

鲜食苹果品种，其果园每667平方米留果量为8 000~12 000个。其中的中、小果型苹果，留果量可适当增多。

疏花疏果的原则是，先疏花枝，再疏花蕾，后疏果定果。壮树壮枝适当多留，冠上、冠外围适当多留。疏果枝留量比目标数多30%，疏花蕾留量比目标数多20%，疏果定果数量比目标量多10%。

1. 疏花标准

蕾期疏花最佳，疏去外围花，保留中心花（图7–1）。

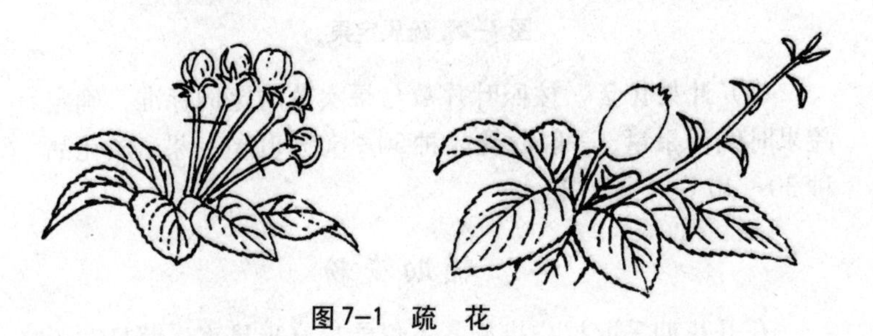

图7–1　疏　花

2. 疏果定果

疏果定果在花后2~4周完成。定果有三种方法：

(1) **距离法**　按照树冠上相邻果实的距离标准，确定疏果时的留果量。一般大型果，间隔25厘米留一果；中型果，间隔20厘米留一果；小型果，间隔15厘米留一果

（图 7–2）。

（2）**枝果比法**　按照枝梢与果实的一定比例，确定疏果时的保留果实数量。一般大型果，每4～5个新梢留一果；中型果，3～4个新梢留一果；小型果，2～3个新梢留一果（图7–2）。

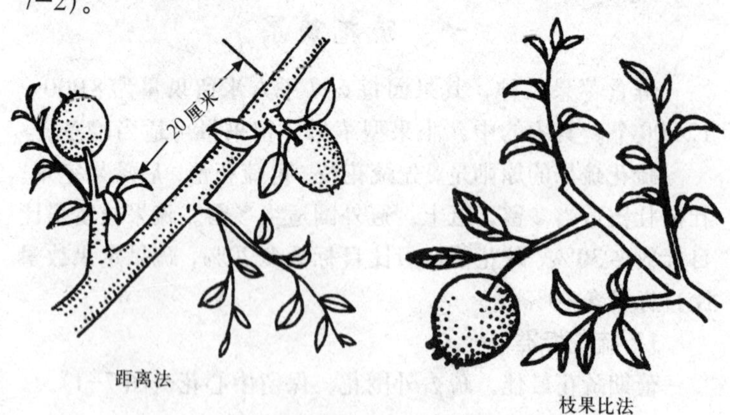

图 7–2　疏果定果

（3）**叶果比法**　按照叶片数与果实数的比例标准，确定疏果时的留果量。一般乔化品种50～60片叶留一果；矮化品种30～40片叶留一果。

二、辅助授粉

在开花期采取授粉措施，不仅能提高坐果率，而且对于提高果实指数，降低偏果率，生产端正果实，改善果实的外观品质，具有重要意义。

1．人工授粉

首先要采集花粉。花粉采集方法如图 7–3 所示。

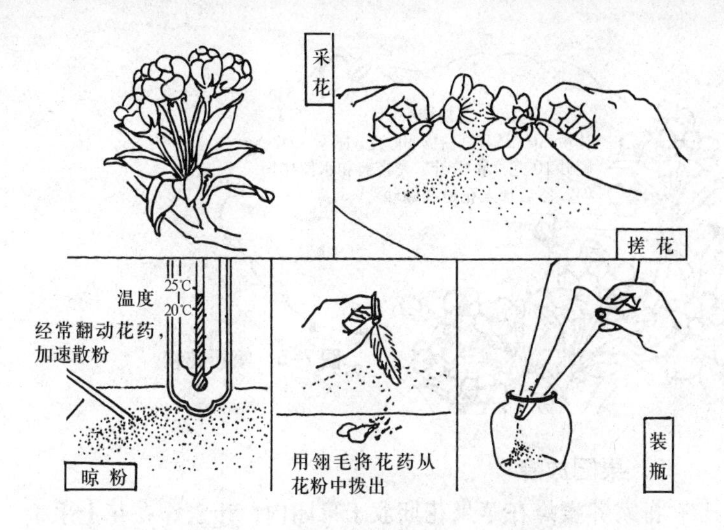

图 7–3　采集花粉

授粉时间为盛花初期至末期，以在花朵开放的当天授粉坐果率最高。授粉时，可用毛笔或自制授粉器（在小木棍一端缠绑干净棉花，或在小木棍一端绑上一个小三角橡皮头制成），蘸上备好的花粉，向初开的花朵柱头上轻轻一点，使花粉均匀地粘在柱头上即可（图 7–4）。也可将花粉配成花粉液，于大部分苹果花开放时，用喷雾器将花粉液喷花（图 7–5），完成授粉过程。花粉液要随用随配，最好在 1 个小时内喷完。

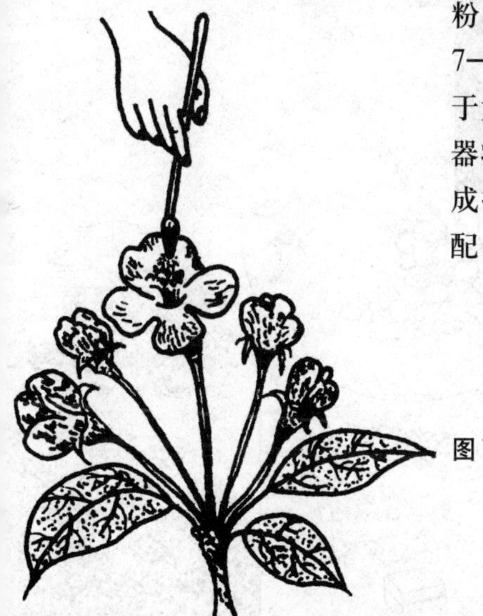

图 7–4　人工授粉

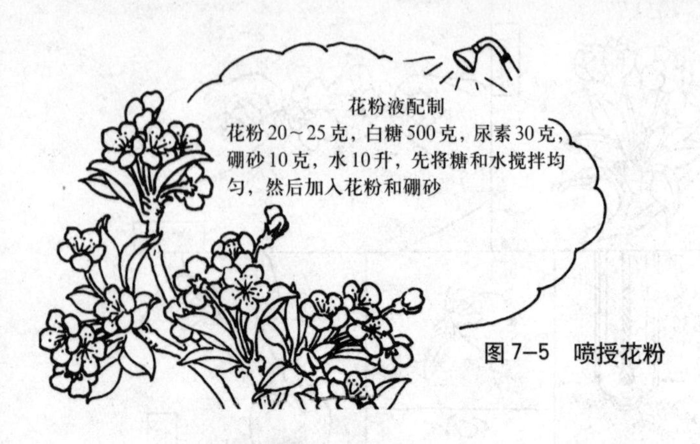

图7-5　喷授花粉

2. 果园放蜂

将家养蜜蜂在苹果花期放于果园内，让蜜蜂在花上采蜜时给花朵授粉可有效提高苹果花的坐果率（图7-6，图7-7）。

图7-6　蜜蜂传粉

图7-7　果园放蜂授粉

壁蜂为果树传粉的效率更高，是家养蜜蜂的80倍。可于苹果开花前5天，在果园放置壁蜂巢管（图7–8），释放壁蜂为苹果花授粉。谢花后10天，收回蜂巢箱，以备来年使用。

图7–8 果园中放置的壁蜂巢管

第八章　果实套袋与增色技术

运用果实套袋和果实增色技术，可大大提高苹果的外观品质和经济效益。

一、果实套袋

果实套袋技术，是利用特制口袋保护果实的果实管理技术。实施时，将特制的纸袋或塑膜袋，在幼果期将果实套入袋内，对果实进行较长时间的保护。使其在生长发育过程中的大部分时间，免受阳光的直接照射和空气中尘埃与农药等物的污染，阻挡害虫病菌的侵入从而减少病虫的危害，减轻农药残留量，提高果实外观质量与内在品质（图8–1）。

图8–1　苹果套袋状

果实在袋中发育，受到较好的保护。果实快成熟时，去掉果袋，可使果面在短期内迅速着色，并保持洁净细腻。因果实在生长期被保护，减少了喷药次数，所以，大大提高了优质果率和经济效益（图8–2）。

图8–2　套袋红富士

所用果袋的质量高低，是决定套袋成功的关键，也是决定果实套袋经济效益的一个重要因素。实行果实套袋，首先要选择标准合格、质量上乘的果袋。

1．苹果专用果袋的构造

苹果专用果袋，是由袋口、袋切口、捆扎丝、袋体、袋底、除袋切线和通气放水孔等部分组成，如图8–3 所示。套果时，由袋口把果实套入袋内，袋切口可使果袋易于撑开，也可以把果柄固定在此处，以保证果实处于袋中央，防止果实与袋壁接触而引起烧伤、水锈或被椿象危害；袋口一端的捆扎丝（4厘米长的细铁丝）是用于捆扎袋口的；除袋切线是摘除果袋时沿此线撕开果袋用的；通气放水孔可使袋内空气相对流通和排出灌进袋内的雨水（套袋操作不严格或降水过多时会出现这种情况）。

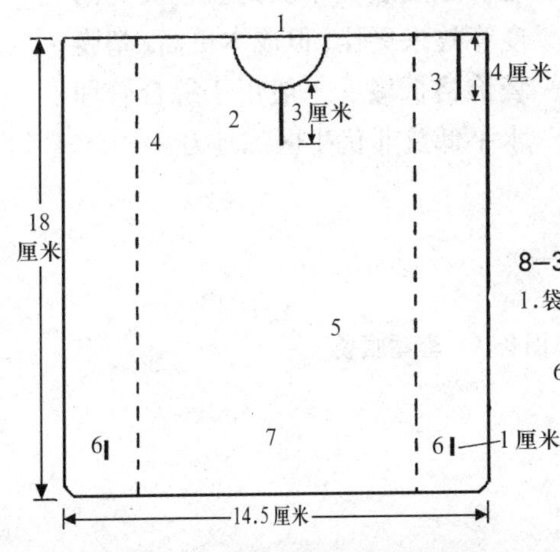

8–3 苹果专用果袋示意图

1.袋口　2.袋切口　3.捆扎丝　4.除袋切线　5.袋体　6.通气放水孔　7.袋底

制作苹果专用袋的纸张，首先应具有强度大、风吹雨淋不变形和不破碎的特点。其次应具有较强的透隙度，避免袋内湿度过大、温度过高。另外，果实外袋的外表颜色应浅，这样可以反射掉较多的光线，避免果袋温度过高，或升温过快。同时，应用防水胶作处理。果袋用纸的透光率和透光光谱，是果袋质量的重要指标。应根据不同的果树品种、不同的地区和不同的套袋目的，选用不同的纸张及适宜的纸袋种类，使果袋具有适宜的透光率和透光光谱范围。还应对果袋喷布杀虫杀菌剂，使之套上果实后在一定的温度下，其内产生短期雾化作用，阻止害虫入袋或杀死袋内的病菌和害虫。

2．果袋的种类选择和套袋、去袋时期

果袋的种类很多。按袋体的层数分，有单层袋、双层袋和三层袋；按照果袋的大小分，有大袋和小袋；按捆扎丝的位置分，有横丝袋和纵丝袋；按照涂布药剂的种类分，有防虫袋、杀菌袋和防虫杀菌袋；按照袋口形状分，有平口袋、凹形口袋和“V”字形口袋等；按照袋体原料分，有纸袋和塑膜袋（图8–4）。双层纸袋一般比单层纸袋遮光性强，但成本也较高，一般为单层纸袋的两倍左右。三层袋使果实的着色及光洁度等效果更佳，但成本更高。塑膜袋价格低廉，一般用于综合管理水平低及非优生区的地方。

图8–4　套塑膜袋

果袋袋型的选择和套袋、去袋的时期，见表 8–1。

表 8–1　苹果袋型的选择与套袋、去袋时期

苹果种类	品　种	套袋目的	推荐袋型	套袋时期	去袋时期
黄绿色品种	金冠、金矮生、王林	预防果锈	石蜡单层袋 原色单层袋	落花后 10 天	采果前5至7天
易着色的红色中熟、中晚熟品种	新红星、新乔纳金、红津轻	果实全红	遮光单层纸袋	5 月底至 6 月初	采果前 10 至 15 天
难着色的红色品种	富士系	着色面大、均匀、鲜艳	双层遮光袋	落花后 40 至 50 天	采果前 20 至 30 天

在选用袋型时，还应考虑当地的气候条件。例如，较难着色的红富士，在海拔高、温差大与光照强的地区，采用单层遮光袋也能促进果实着色；而在海洋性气候或内陆温差较小的地区，必须采用双层纸袋才能促进着色。在高温多雨的地区，适宜选用通气性能良好的果袋；在高温少雨的地区，则宜采用反光性强的纸袋，而不宜用涂蜡袋。

3．套袋前对果树喷药

套袋前对果树喷药，是套袋成败的又一关键环节。除进行果园的全年正常病虫防治外，在谢花后 7～10 天，应喷药一次，一般应以喷保护性杀菌剂的喷克、大生M–45为主。盛花期禁喷高毒农药。套袋前 2～3 天，必须对全园喷一次杀虫杀菌剂，以保证不将病菌害虫套在袋内。喷药时，喷头应距果面50厘米远，不能过近，以免因药液冲击力过大而形成果锈。喷出的药液要细而均匀，布洒周到（图 8–5）。

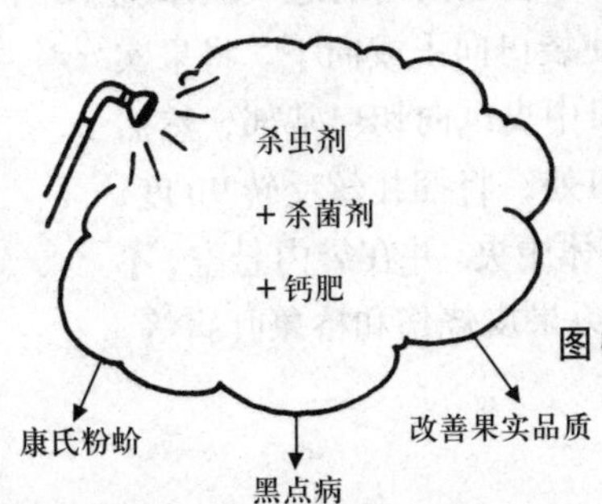

图 8–5　套袋前普遍喷一次药剂

4. 套袋时间

套袋的适宜时期确定之后，还应掌握一天中套袋的具体适宜时间。一般情况下，自早晨露水干后到傍晚都可进行。但在天气晴朗、温度较高和太阳光较强的情况下，以上午8点30分至11点30分和下午2点30分至5点30分为宜（图8–6）。这样可以提高袋内温度，促进幼果发育，并能有效地防止日烧。需要强调的是，早晨露水未干时不能套袋，否则，果实萼端容易出现斑点。因为露水通常具有一定的酸性，会增加果面上药液的溶解度。导致果皮中毒产生坏死斑点。同理，喷药后药液未干也不能套袋，下雨时更不能套袋。生产中必须规范操作，否则，会酿成不良的后果。

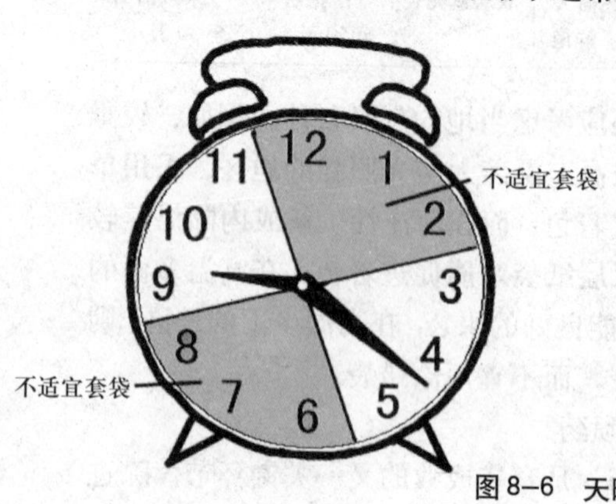

图8–6　天晴时不适宜套袋的时间

5. 套袋方法

如图8–7和图8–8所示。套袋时，首先小心地除去附在幼果上的花瓣及其他杂物，然后左手托住纸袋，右手撑开袋口，或用嘴吹开袋口，使袋体膨胀，袋底两角的通气放水孔张开。手执袋口下2～3厘米处，使袋口向上或向下，将果实套入袋内。套入后使果柄置于袋口中央纵向切口基部，然后将袋口两侧按折扇方式折叠于切口处，将捆扎丝反转90度，扎紧袋口于折叠处，使幼果处于袋体中央，并在袋内悬空，不紧贴果袋，防止纸袋摩擦果面，避免果皮烧伤和椿象叮害等。

切记不要将捆扎丝缠在果柄上。同时，应尽量使袋底朝上，袋口朝下。

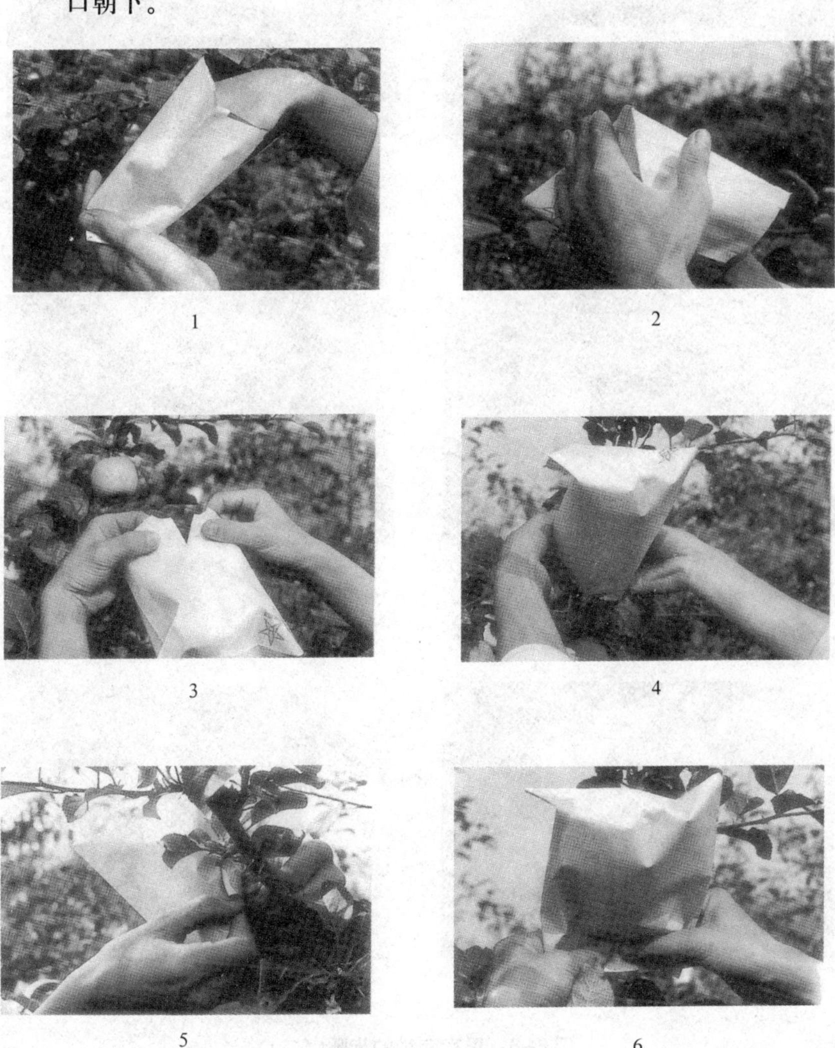

图 8–7　果实套袋的步骤（一）

图 8–8 果实套袋的步骤（二）

套袋时应注意以下几点：

一是套袋时用力方向要始终向上，以免拉掉果子。用力宜轻，尽量不触碰幼果，袋口不要扎成喇叭口形状，以防雨水灌入袋内。袋口要扎紧，防止害虫爬入袋内或纸袋被风吹掉。

二是在同一株树上，套袋要按照先上部后下部，先内膛后外围的顺序，逐一进行。套袋时切勿将叶片或枝梢套入袋内。

三是为了降低果园管理成本，减少喷药次数，可在果园实施全套袋技术。也就是说，全园全套。全园全套的步骤是：先选择部位较好、果形端正（图 8–9）、果肩较平的下垂果，以及壮枝上的优质果，套双层纸袋，以生产优质全红的高档果。对剩下的内膛果，可选套塑膜袋和单层纸袋，以防止病虫危害及降低农药残留。对数量不足的树体外围果及树冠西侧的果实，可选套单层遮光纸袋，以减轻或防止果实日烧。这样，既可以减少用药次数，降低生产成本，又能较好地保护果实，获得较多的商品果，提高经济效益。这种方法应在生产中大力推广。

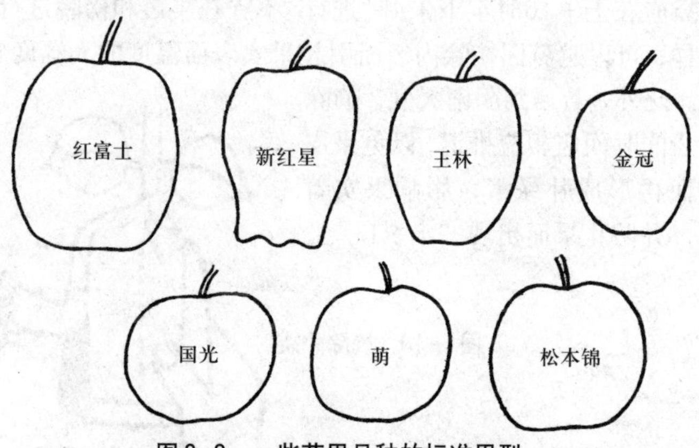

图 8–9 一些苹果品种的标准果型

四是雨后要及时检查。近年来，套袋果黑点病多有发生，特别在夏季多雨年份发生更多。所以，雨后应及时开袋检查。对纸袋两角排水孔小、不易开启的，可用剪刀适当剪一下；对袋内存有积水的塑膜袋，要撑大下部的排水口排出积水。塑膜袋封口不严时，可用细漆包线再绑一下。对雨后已经破碎的劣质塑膜袋，要及时换掉。

6．去袋时间

去袋时期，可参考表8–1安排。最好选择阴天或多云天气时去袋。要尽量避开日照强烈的晴天，以免去袋后果实发生日烧现象。若在晴天去袋，应于上午10～12时摘除树冠东部和北部的果袋，下午2～4时摘除树冠西部和南部的果袋。这样，就使果实由暗光中逐步过渡到散射光中。如果天气干旱，除袋前3～5天应全园浇一次透水，以预防去袋后果实发生日烧现象。当地面干后，即可入园去袋。

7．去袋方法

摘除内袋为红色的双层纸袋时，应先沿除袋切线摘掉外层袋，保留内层袋（图8–10)。一般在摘除外袋5～7个晴天（阴雨天需扣除）后摘除内层袋（图8–11，图8–12)。摘除内层袋应在上午10时至下午4时进行；不宜在早晨和傍晚进行。这样，可以避免因摘除内袋而引起果实表面温度的大幅度变化。此外，若遇到阴雨天气，摘除内袋的时间应相应推迟，以免果皮表面再形成叶绿素，影响果实着色，并防止果面出现“水裂口”。

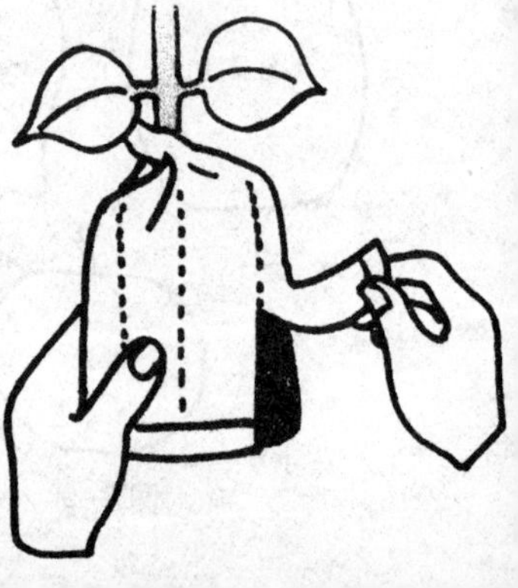

图8–10　摘除外袋

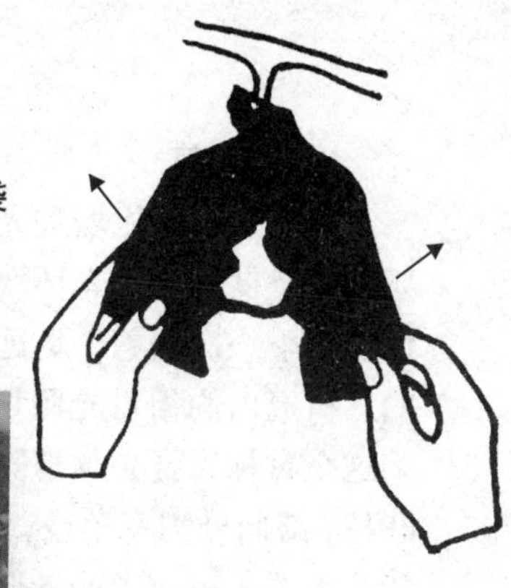

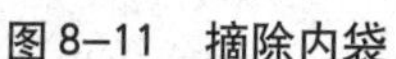

图 8–11　摘除内袋

图 8–12　摘除内袋状

摘除内层为黑色的双层纸袋时，要先将外袋底口撕开，取出内层（衬）黑袋，使外袋呈伞状罩于果实上。6～7天后，再将外袋摘除。

摘除单层袋和内外层粘连在一起的台湾佳田纸袋时，先在上午12时前或下午4时后，将底部撕开，使果袋成一伞形罩于果实上；也可先将背光面撕破通风。过4～6天后，将纸袋全部摘除。

需要强调的是，果袋全部摘除完后，应立即喷一次杀菌剂防治轮纹病和炭疽病等；同时混喷钙肥。

二、果实增色

将套袋果去袋后，应及时摘除靠近果实的遮光叶片，并转动果实，促进着色。并结合秋剪，铺设反光膜。这也是促进套袋果实全面着色的有效方法。

1. 秋 剪

秋剪，不仅能增加光照，而且能提高果实的品质。树体要有一个良好的受光环境，就必须进行合理的整形修剪。而仅靠冬季一次修剪，是远远不能满足果实正常生长所需光量的。树冠内的相对光照量以控制在20%~30%为宜。为了达到这个目标，就必须剪除树冠内的徒长枝、剪口枝和遮光强旺枝，疏间外围竞争枝，以及骨干枝上的直立旺枝。这样，就能大大改善树冠内的光照条件。树冠下部的裙枝和长结果枝，在果实重力作用下容易压弯下垂。可以对它们采取立支柱顶枝（图8–13）或吊枝（图8–14）等措施，解决其受光不足的问题。

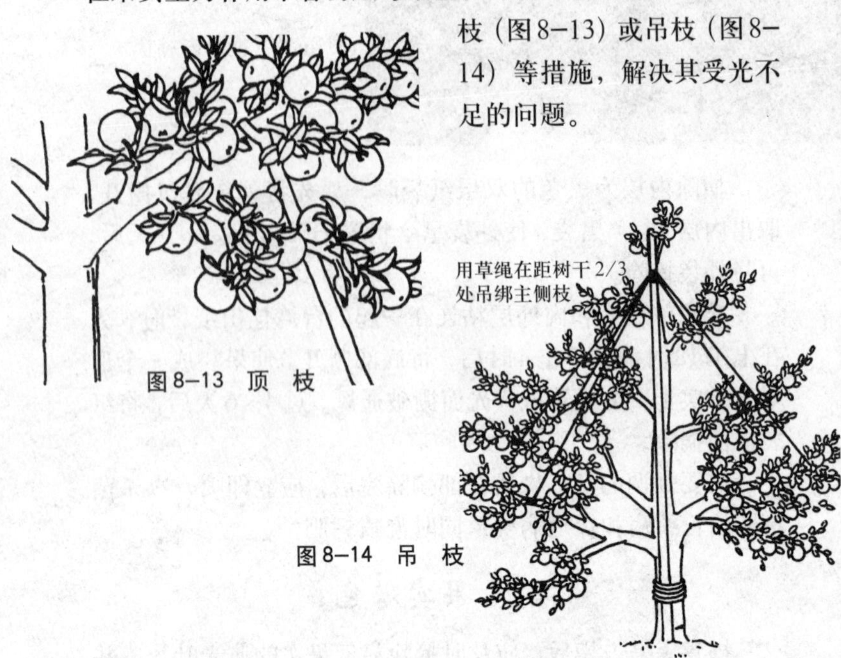

图8–13 顶 枝

图8–14 吊 枝

2. 摘 叶

摘叶，是指用剪子将影响果实受光的叶片剪除，仅留叶柄。适当摘叶，对红富士苹果的可溶性固形物含量并无多大影响，但可明显提高果实的着色状况。

摘叶应在去袋后3~5天开始进行，在7天左右内完成。对于不同品种来说，可根据其生物学特性确定摘叶时间的早晚。嘎拉、津轻和千秋等中熟品种，因果实发育期较短，可在采前15天左右摘叶；新红星、首红和艳红等元帅系短枝型品种，由于着色容易，遮果叶多，摘叶量大，为减少摘叶后对后期光合作用的影响，摘叶的时期可稍晚一些，以采前10~15天摘叶为宜。对红富士等晚熟品种，则宜在采收前20~30天摘叶。

摘叶时，要先摘除贴果叶片和上部、外围距果实5厘米范围以内的遮荫叶片（图8–15），包括发黄的、体薄的和下部的老叶，以及面窄的小叶。3~5天后再摘其他遮光叶片，包括树冠内膛与下部的、果实周围10~20厘米以内的全部叶片，以及叶柄发红叶和处于生长中的秋梢叶。

图8–15　摘　叶

摘叶时应注意：第一，要依据当地的气候特点、光照条件和树体长势和综合管理水平，适时适量地进行摘叶，不得过早；否则，会降低果实产量，影响来年花芽质量和产量。第二，摘叶前必须进行秋剪。应先疏除遮光强的背上直立枝、内膛徒长枝、外围竞争枝和多头枝。第三，为了有效地增进着色，摘叶时应多摘枝条下部的衰老叶片，少摘中上部的高效功能叶片；多摘果台基部叶片，适当摘除果实附近新梢基部到中部的叶片。第四，摘叶时切记保留叶柄。

3. 转 果

转果的目的是，让果实阴面获得直射的阳光，使果面全部着色。

(1) **转果的时期** 在去袋后4～8天内开始转果。据观察，去袋后的8天内（指8个晴天，阴雨天要扣除），是果实阳面的集中着色期。其中去袋后4天，果实阳面几乎可全部上色。这时就可开始转果。转果后15～20天内，原来不着色的阴面，朝阳后也能全面着色，从而使整个果面变得浓红漂亮。如果去袋后8天再开始转果，虽然阳面着色浓红，但阴面转向阳面后长时间也不着色，采收时阴阳面色度反差较大，果面总体色差。

(2) **转果的方法** 用手托住果实，轻轻地朝一个方向转动90°～180°角，将原来的阴面转向阳面，使之受光即可（图8–16）。当果实背光的一侧有邻接的枝条时，果实被转后可用窄而透明的胶带固定在邻接枝条上，以防果实回转。对于下垂果，因为没有可供转果固定的地方，故可用透明胶带将转果连接在附近合适的枝条上。

图8–16 转 果

(3) **转果的注意事项**

①转果应顺着同一方向进行，并尽量以在阴天、多云天气和晴天的早晨与下午进行为宜。切勿在晴天中午高温时转果，以防阴面突然受到阳光直射而发生日灼。

②转果时切勿用力过猛，以免扭伤果柄，造成损失。

③对于果柄短的新红星等元帅系短枝型品种,可分两次转果：第一次转动90°角，7～10天后再朝同一方向转动90°角。

④在高海拔、昼夜温差大的地区，对红富士和乔纳金等品种转果时，也可采用两次转果的方法，避免日烧。

实践证明，采取摘叶转果的方法，可大大提高苹果的着色状况，改善苹果的品质。

4．铺反光膜

套袋栽培的苹果树下铺设反光膜，可提高全红果率。树冠下部和内膛往往接受不到太阳光的直接照射，处于低光照区，这些部位的果实一般着色差，含糖量低。这在密植栽培的果园尤为突出。套袋果的萼洼也难以着色。如果在树下铺设反光膜，就能明显提高树冠下部的光照强度。

铺设反光膜的时期，在果实着色期。一般晚熟苹果为9月上中旬到采收前，而套袋苹果在去袋后则应立即进行。

铺设反光膜的位置，为树冠下的地面。要将树冠整个投影面积铺严，反光膜的边缘要和树冠的外缘对齐。在宽行窄株的密植果园，可于树两侧各铺一条长反光膜（图8–17)。在稀植果园可于树盘内和树冠投影的外缘，铺设大块的反光膜。如果用GS–2型果树专用反光膜，每行树下排放3幅，每幅宽1米，树行两边各铺1幅，株间的1幅裁开铺放。铺好后用装土、沙、石块或砖块的塑料袋，多点压实，防止被风卷起和刺破。每667平方米用膜350～400平方米。

图 8–17　铺反光膜

铺反光膜的果园必须通风透光。若地面光照不足，将大大影响反光效果。因此，铺设反光膜的果园，首先应是综合管理水平高的果园，树形规范，枝量适中，一般每667平方米的枝量控制在8万～10万条。对于密植郁闭型果园，在铺膜前要很好地进行秋剪，并疏除和回缩拖地裙枝。

采果前要及时收膜。将反光膜小心地揭起，并用清水冲洗干净，晾干后卷叠整齐，贮放在室内无腐蚀性的环境条件下，以备待用。

第九章　病虫害的无公害化防治

对苹果病虫害实施无公害化的防治，才能保证在不污染环境、不污染果品的前提下，将苹果病虫害控制在允许的经济阈值之下，提高苹果的产量和品质，实现苹果的高效生产。因此，必须搞清苹果生产中主要病虫害的发生规律，对其进行准确的预测预报，实施以农业防治和生物防治为基础，辅以必要的化学防治的综合防治措施。在进行化学防治时，也要尽可能地施用无公害农药，以减少环境污染和降低苹果中的农药残留。

一、主要害虫的监测和防治

（一）桃蛀果蛾

又名桃小食心虫。在国内分布普遍。危害的寄主有苹果、梨、桃、杏、枣、山楂、李、石榴和酸枣等。幼虫蛀入苹果后，蛀孔小，愈合成小圆点，其周围凹陷，常带绿色；或流出透明果汁，干后呈白絮状。果内虫道纵横弯曲，并有大量虫粪，俗称“豆沙馅”。幼果被害成“猴头果”（图 9–1）。

图 9–1　桃蛀果蛾

1. 成虫　2. 雄(下)雌(上)蛾的下唇须　3. 卵　4. 幼虫　5. 幼虫腹足趾钩，前胸，腹部第四、第八、第九、第十节侧面　6. 夏茧剖面　7. 冬茧剖面　8. 虫果

1. 发生规律

该虫在我国西北苹果产区一年发生1～2代，以老熟幼虫在树下土中、梯田壁和堆果场等处，结冬茧越冬。树下土中以距根颈部1米范围内和1～10厘米深的土层中，越冬虫茧较多。5月中下旬，越冬幼虫开始出土，6月份进入盛期。幼虫出土后在地面结夏茧化蛹，蛹期10多天。自5月下旬至8月中旬，陆续有成虫羽化。蛾子昼伏夜出，以0～3时活动性最强。雌蛾将卵单产于苹果萼洼处。卵期7天左右。孵化后幼虫多从果面蛀入，窜食果肉。幼虫一般在果内为害20多天后老熟脱果。7月中旬以前，脱果的幼虫大部分在地面结夏茧，继而发生第二代成虫。7月中旬以后脱果的幼虫，多数入土结冬茧越冬。桃蛀果蛾的寄生性天敌较多，主要有中国齿腿姬蜂和桃小食心虫茧蜂，还有白僵菌，对桃蛀果蛾的发生都可起到一定的控制作用。

2. 防治方法

(1) **减少虫源** 及时摘除虫果和捡拾落果，以降低晚熟果受害率和越冬虫源量(图9–2)。

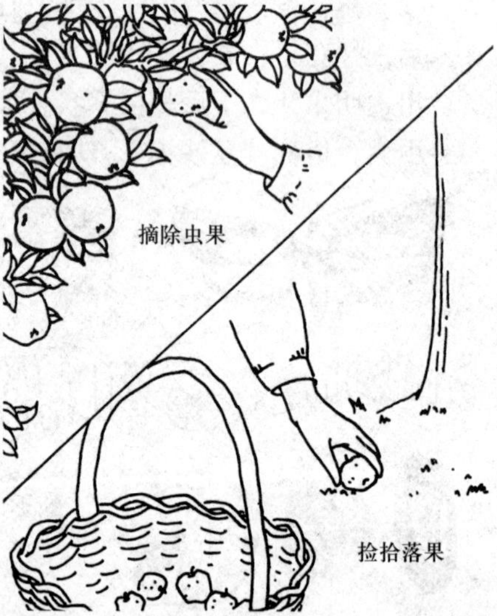

图9–2 及时处理虫果和落果

（2）**封杀出土幼虫** 选上年桃蛀果蛾危害严重的果树5株，于树下各放置小石块或瓦片10～20个。从5月上旬开始，每日检查树下的出土幼虫数。当发现幼虫连续出土时，树盘喷25%对硫磷微胶囊或25%辛硫磷微胶囊300倍液。在地面有一定的湿度的果园，可施用新线虫，或白僵菌与对硫磷胶囊混合液，用量为新线虫60万～80万条／平方米，或白僵菌(100亿孢子／克)8克／平方米与对硫磷微胶囊0.3毫升／平方米的混合液，喷洒树盘，封杀出土幼虫。

（3）**喷药杀灭蛀果幼虫** 用性诱捕器诱测田间发蛾时期，于蛾峰期对树冠喷25%果虫敌2000倍液，或50%杀螟硫磷1000倍液，或30%桃小灵2000倍液，或25%灭幼脲3号1000倍液等，杀灭蛀果幼虫。

（二）苹小食心虫

又称东小食心虫。分布于东北、西北地区及江苏。在陕西省渭北和陕北地区，管理粗放的苹果园受害严重。幼虫在果皮下浅处为害，形成直径约1厘米的黑色干疤，其上有数个排粪孔，可从其上发现虫粪（图9-3）。

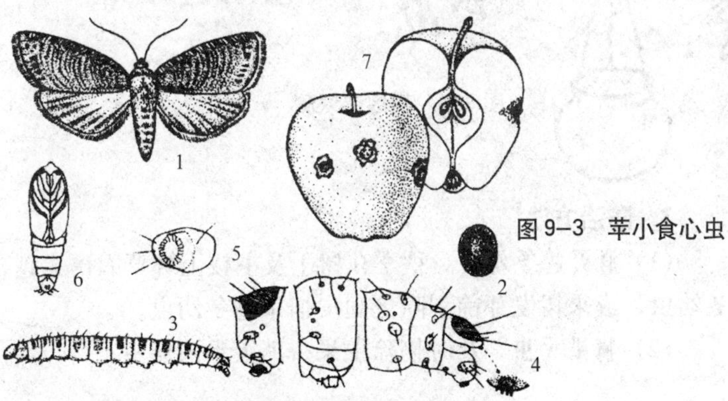

图9-3 苹小食心虫

1成虫 2.卵 3.幼虫 4.幼虫前胸，腹部第四、第八、第九、第十节侧面及臀栉 5.幼虫腹足趾钩 6.蛹 7.被害果

1．发生规律

苹小食心虫在陕西一年发生两代，以老熟幼虫在枝干树皮裂缝中结污白色薄茧越冬。越冬幼虫于5月下旬开始化蛹，6月上旬出现成虫。第一代幼虫于6月下旬出现，7月中旬为发生盛期。第一代成虫于7月中旬开始发生。第二代幼虫于8月上旬危害果实。幼虫期约1个月。9月上旬，幼虫老熟，陆续脱果进入越冬场所。

苹小食心虫成虫白天不活动，傍晚出来交尾产卵。卵多单产于果面上。卵期4～6天。初孵幼虫在果面上爬行一段时间后，咬破果皮，蛀入果内，在果皮下浅层为害，形成虫疤。

2．虫情监测

对苹小食心虫，除可用相应的性诱芯制成性诱捕器进行虫情监测外，还可用糖醋液或烂苹果发酵液诱测成虫发生情况（图9–4）。糖醋液一般用糖、醋、酒和水按1∶4∶0.5∶13的比例配成。在发蛾高峰期喷药防治。

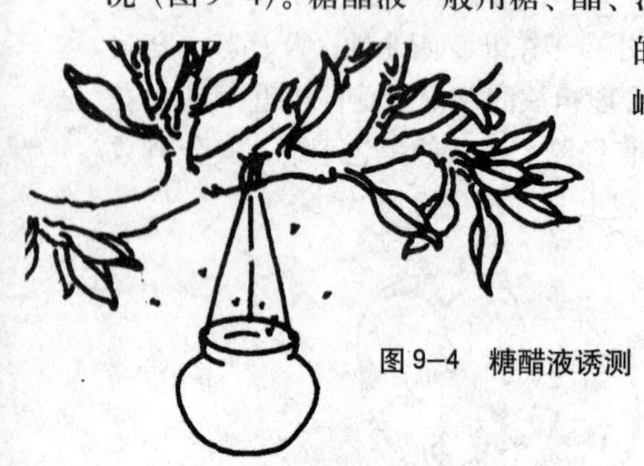

图9–4　糖醋液诱测

3．防治方法

（1）**消灭越冬幼虫**　秋季在树干及主枝上绑草圈诱集越冬幼虫，或果树发芽前刮除老翘皮捕杀越冬幼虫。

（2）**摘果灭虫**　及时摘除虫果，消灭果内幼虫。

（3）**喷药防治** 于成虫发生期调查主栽品种的卵果率，达1%时喷药防治。其喷药种类可参考桃蛀果蛾防治用药。

（三）苹果小卷蛾

又称苹果蠹蛾，是一种重要的检疫害虫，在我国目前仅分布于新疆。它主要危害苹果、沙果和梨，也能危害桃与杏等。幼虫蛀害果实，在沙果上多从胴部蛀入，在香梨上多从萼洼处蛀入，在杏果上多从梗洼处蛀入。幼虫蛀入果心，并偏嗜种子。苹果被害后，蛀孔外堆积有褐色粪粒和碎屑。由丝连成串，挂在果上（图9–5）。

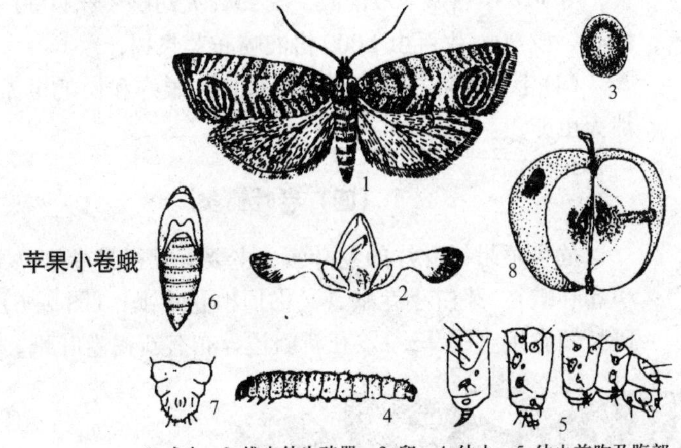

图9–5 苹果小卷蛾

1.成虫 2.雄虫外生殖器 3.卵 4.幼虫 5.幼虫前胸及腹部第四、第八、第九、第十节侧面 6.蛹 7.蛹尾部 8.被害果

1．生活史与习性

在新疆一年发生2～3代。以老熟幼虫在树皮下做茧越冬。第一代危害期在5月下旬至7月下旬，第二代危害期在7月中旬至9月上旬。在伊犁完成一代需45～54天。雌蛾平

均产卵33～43粒。卵散产。第一代多产卵于果实上。卵粒在树上的分布，以上层的叶片和果实着卵量大，中层次之，下层最少。卵期平均7～8天。幼虫历期平均为28～30天。

2．防治方法

（1）**严格检疫**　加强检疫，防止苹果小卷蛾扩散蔓延。

（2）**消灭幼虫**　在幼虫脱果前，可将破麻袋和草袋等物捆绑在主干与主枝上，诱集脱果幼虫。早春幼虫出蛰前，刮除树上老翘皮，填补树洞，清除树下落叶与残枝。处理吊树干、果箱、果筐及堆果场地。随时摘除虫果，捡拾落果。

（3）**树上喷药**　根据诱蛾情况，于各代成虫高峰期后5天，用50%甲萘威400倍液，或25%灭幼脲3号1000～1500倍液，或90%敌百虫1000倍液喷布苹果树。

（4）**生物防治**　在苹果园释放广赤眼蜂和松毛虫赤眼蜂，消灭虫卵。

（四）卷叶蛾类

危害苹果树叶片的卷叶蛾，主要有棉褐带卷蛾（又称苹小卷叶蛾）、芽白小卷蛾（又称顶梢卷叶蛾）（图9–6）和黄斑长翅卷蛾（图9–7），在新疆还分布有新褐卷叶蛾。

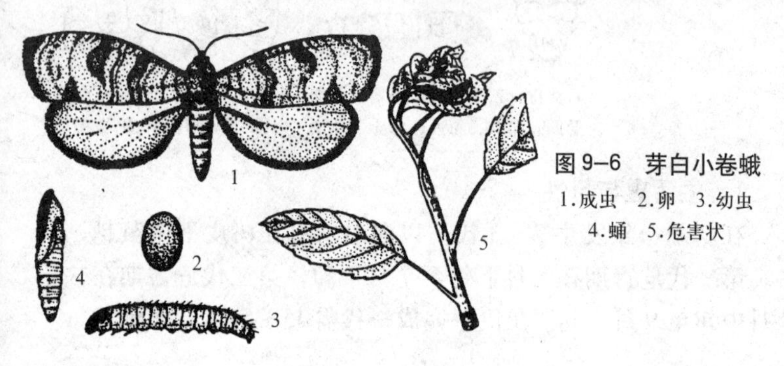

图9–6　芽白小卷蛾

1.成虫　2.卵　3.幼虫　4.蛹　5.危害状

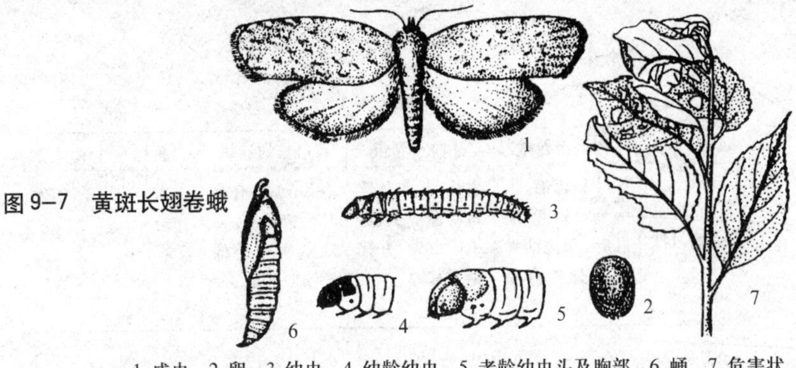

图 9–7 黄斑长翅卷蛾

1.成虫 2.卵 3.幼虫 4.幼龄幼虫 5.老龄幼虫头及胸部 6.蛹 7.危害状

卷叶蛾的幼虫吐丝将嫩叶或新梢卷成叶苞，或缀连叶片贴于果面上，于其间啃食，严重影响幼树的生长成形和果实的品质。

1．发生规律

几种卷叶蛾的发生情况见表 9–1。

表 9–1 几种卷叶蛾的发生规律

虫 名	棉褐带卷蛾	芽白小卷蛾	黄斑长翅卷蛾	新褐卷叶蛾
年发生世代数	3 代	3 代	3～4 代	2 代
越冬虫态及场所	小幼虫在枝干粗皮裂缝中结灰白色茧	二、三龄幼虫在顶梢虫苞内	成虫在果园杂草、落叶下	二龄幼虫在树皮裂缝中结白色薄丝茧
各代成虫发生期	越冬代在5月下旬到 6 月中旬；第一代在 7 月中旬到8月中旬；第二代在 8 月下旬到9月下旬	越冬代在5月下旬到 6 月下旬；第一代在 6 月下旬到7月下旬；第二代在 7 月下旬到8月下旬	第一代在5月中下旬；第二代在 7 月中下旬；第三代在8月中下旬；越冬代在9月下旬到10月份	越冬代在5月下旬到 6 月下旬；第一代在 7 月下旬到9月下旬
主要习性	成虫对糖醋液和光有趋性。产卵于叶、果上。幼虫食害幼芽、	成虫有弱趋光性。产卵于枝条中上部叶片上。初孵幼虫危害	成虫对黑光灯和糖醋液有一定趋性。卵多散产于老叶背面。幼	成虫趋光性弱，趋化性强。每雌产卵200～500粒。卵期6～

续表 9–1

虫　名	棉褐带卷蛾	芽白小卷蛾	黄斑长翅卷蛾	新褐卷叶蛾
主要习性	嫩叶和花蕾。稍大卷叶为害，或在叶、果或两果相贴处啃食果面	嫩叶，长大吐丝缀叶卷成虫苞，织成虫袋，并化蛹于其内	虫共5龄，有转叶为害习性，喜欢危害中上部较嫩叶片	8天。幼虫多为7龄

卷叶蛾类害虫的天敌寄生蜂很多，作用较大的有松毛虫赤眼蜂、卷叶蛾肿腿姬蜂和顶梢卷叶蛾壕姬蜂等。新褐卷叶蛾还有三种天敌：双斑截腹寄蝇、黄长体茧蜂和卷蛾曲脊姬蜂。这三种天敌值得研究和利用。

2．监测和防治

（1）**消灭越冬虫源**　刮老翘皮，消灭越冬虫茧。结合冬剪，剪去越冬虫梢，集中烧毁。

（2）**科学使用农药，最大限度地保护和利用寄生蜂**　根据诱蛾情况，在连续4天诱到雄虫后，开始释放赤眼蜂。以后每隔4天继续第二次、第三次放蜂，共放3次。每次放蜂1 000头／株（图9–8）。

图9–8　挂蜂卡释放赤眼蜂

（3）**幼虫期防治** 在有代表性的、且上年受害较重的果园内，按对角线法确定5个点，每点2株树。在树冠中部各固定20个花芽，从苹果树萌芽开始，每两天调查一次上芽的出蛰幼虫数。当累计出蛰率达30%，且累计虫芽率达5%时，喷用Bt乳剂（100亿个芽孢／毫升）1000倍液，或25%灭幼脲3号2000倍液。在各代成虫发生期喷48%乐斯本2000倍液。幼虫期施药尽量在其卷成叶团前进行。

（五）山楂叶螨

又称山楂红蜘蛛。分布于北方各苹果区。危害寄主有苹果、梨、桃、樱桃、杏、李、山楂和多种蔷薇科观赏植物。其成螨若螨群集于叶背拉丝结网，于网下刺吸叶片汁液(图9–9)。被害叶出现成片的失绿斑点，严重时叶片变为红褐色，易引起早期脱落。早期花蕾受害后，干枯而不能开放。

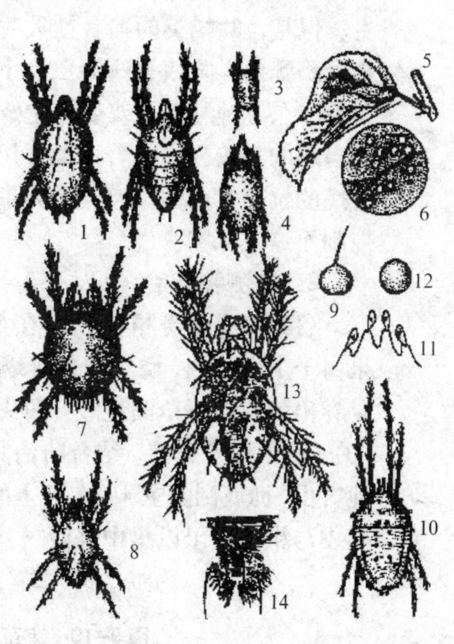

图9–9 四种叶螨

山楂叶螨：1.雌螨 2.雄螨 3.幼螨 4.若螨 5.被害叶 6.卵

苹果全爪螨：7.雌螨 8.雄螨 9.卵

果苔螨：10.雌螨 11.它的前足体前端 12.卵

李始叶螨：13.雌螨 14.生殖盖及其前区的表皮纹

1．发生规律

在陕西省关中地区，山楂叶螨一年发生6~10代，以受精雌螨在果树主干、主枝和侧枝的粗皮裂缝、枝杈与树干附近的土缝内越冬。从苹果树花芽开放至现蕾期，越冬雌螨大量上树为害，4月中下旬在嫩叶上产卵。该螨在树上分布的规律：越冬代主要集中在树冠内膛，第一、第二代于5~6月份逐步向外迁移；第三、第四代于7月份后迁至树冠外围。山楂叶螨的扩散主要靠爬行，也可借风力、流水、昆虫、农业机械和苗木接穗传播。

山楂叶螨不太活泼，常群集叶背为害。有结网习性，喜欢高温、干旱的气候条件。在25℃时完成一代需12.8天。平均每雌产卵量为80粒左右，所以，在高温干旱年份容易大发生。但是，叶螨类的捕食性天敌很多，如深点食螨瓢虫、束管食螨瓢虫、陕西食螨瓢虫、小黑花蝽、塔六点蓟马、中华草蛉、东方钝绥螨、普通盲走螨和西方盲走螨等，对控制果园害螨的猖獗为害起着重要作用。若滥用农药，则不但会使害螨的抗药性增强，而且会大量杀伤天敌，势必使害螨失去控制而爆发成灾。

2．监测和防治

（1）**消灭越冬螨**　秋季在苹果树干上绑草圈，诱集越冬雌螨，早春出蛰前取下草圈烧毁（图9-10）。苹果树发芽前，结合防治其他害虫，彻底刮除主干、主枝上的翘皮与粗皮，予以集中烧毁。

图9-10　束草诱虫

（2）**生物防治**　在苹果园种植大豆、苜蓿等作物，为害虫天敌提供补充食料和栖息的场所。5月上旬，山楂叶螨的数量达5～10头/叶时，每树放中华草蛉卵1000～3000粒，也可于5月下旬至6月上旬每树释放西方盲走螨2000头左右，以控制螨害。

（3）**喷药防治**　在苹果园中，按对角线法选5株长势中庸的树，从苹果树萌芽开始，每三天调查一次。每次在树冠东、西、南、北及内膛各随机调查四个短枝顶芽，统计上芽的越冬雌成螨数。当平均每芽有1.5～2头时，即喷药防治。以后各代的防治指标为：花后每叶有活动螨4～5头；8月份每叶有活动螨7～8头，且天敌与害螨之比小于1∶50时，可喷用50%硫悬浮剂200～400倍液，或5%尼索朗2000倍液，或20%螨死净2000～3000倍液等。

（六）其他叶螨

能对苹果树造成较大危害的其他叶螨，有苹果全爪螨、果苔螨、李始叶螨和二斑叶螨，其形态特征见图9–9，发生规律及防治方法见表9–2。

表9–2　四种叶螨的发生规律及防治

虫名	苹果全爪螨	果苔螨	李始叶螨	二斑叶螨
生活史与习性	一年发生6～9代，以卵在枝条、苹果台等处越冬。苹果树开花至落花1周时卵孵化。雄螨和幼螨、若螨多在叶背活动，而雌成螨常在正面为害	一年发生4～6代，以卵在枝条阴面、枝杈及果台等处越冬。幼螨危害花蕾，展叶后到叶面取食。5月中旬成螨大量出现	一年发生9代，以雌成螨在主干、主枝、侧枝老翘皮下和根颈部土壤缝隙内越冬，4月上旬出蛰。高温、低湿有利其发育	一年发生7～9代，以橙黄色雌成螨在树干翘皮、粗皮内、根颈部土缝和落叶杂草下越冬，翌春气温达10℃时出蛰。发生高峰期在8月上旬至9月上旬。10月份雌螨陆续越冬

续表 9–2

虫名	苹果全爪螨	果苔螨	李始叶螨	二斑叶螨
防治方法	①苹果树发芽前喷5%柴油乳剂杀灭越冬卵。②越冬卵孵化期喷95%机油乳剂50～100倍液，或50%硫悬浮剂200倍液，或5%霸螨灵2000倍液；若螨卵多时，喷用5%尼索朗2000倍液，或20%螨死净2500倍液。③保护和引进天敌		①刮老翘皮，发芽前喷3～5波美度石硫合剂。雌成螨上芽为害期，喷50%硫悬浮剂200～400倍液，或1%阿维虫清3000倍液。②果树生长季节施药和生物防治同左	

（七）绣线菊蚜

别名苹果蚜（以前误称苹果黄蚜），分布于各省果区。其危害寄主有苹果、梨、桃、李、杏、樱桃和山楂等。绣线菊蚜的成蚜和若蚜，群集危害新梢、嫩芽和叶片。被害叶叶尖向背面横卷（图9–11）。蚜群刺吸叶片汁液后，影响叶片的光合作用，抑制新梢生长，严重时能引起早期落叶和树势衰弱。

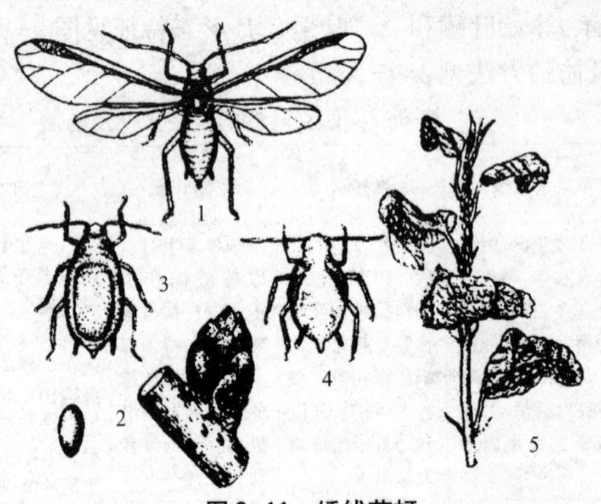

图 9–11　绣线菊蚜

1.有翅胎生雌蚜　2.卵　3.无翅胎生雌蚜　4.若蚜　5.梢叶被害状

1．发生规律

绣线菊蚜在苹果树上一年发生10多代，以卵在枝条芽缝或裂皮缝隙中越冬。春季苹果树发芽时孵化为害。大约20天孵化完毕。苹果树抽发新梢时受害最重。这种蚜虫从春季至秋季，均进行孤雌生殖，6～7月间繁殖最快，为发生盛期。8～9月份发生量逐渐减少，10～11月份产生有性蚜，交尾后产卵越冬。蚜虫的天敌有瓢虫、草蛉、食蚜蝇、蚜茧蜂和蚜小蜂等，可加以保护和利用。

2．防治方法

（1）**喷洒柴油乳剂**　苹果树发芽前，结合防治螨类，喷布含油量为5%的柴油乳剂，消灭越冬卵。

（2）**药剂防治**　发生初期及严重时，可喷布10%吡虫啉5000倍液，或1%阿维虫清3000～4000倍液等。少数未结果果树发生蚜虫时，还可选用内吸剂40%氧乐果(或乐果)2～10倍液涂抹树干，或对树干进行敷药包扎处理。这样做还可以保护天敌（图9-12）。

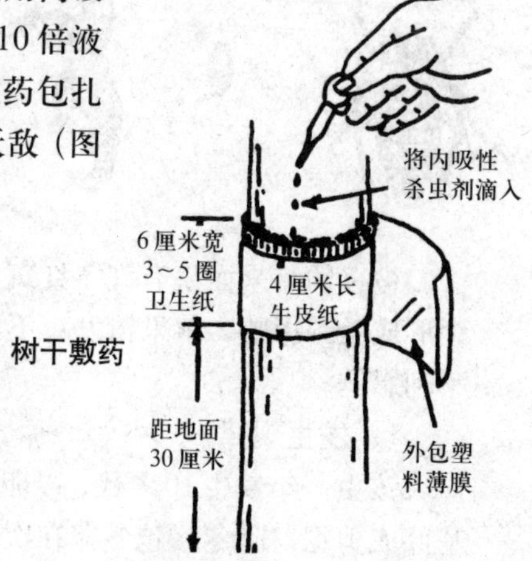

图9-12　树干敷药

（3）**剪除被害枝条**　结合夏剪剪除被害枝条，集中烧毁。

（4）**注意保护和利用天敌**　有条件的地方可人工饲养和

释放草蛉与助迁瓢虫等。

（八）苹果瘤蚜

又名苹瘤额蚜、苹卷叶蚜等。分布比较普遍，在各苹果产区都有分布。寄主植物有苹果、沙果、海棠和山荆子等。苹果中以元帅、青香蕉与鸡冠等品种受害较重。叶片被害后，边缘向背面纵卷成筒状，叶面有皱缩红斑，后期干枯，严重时全树叶片卷缩成条状(图 9–13)。

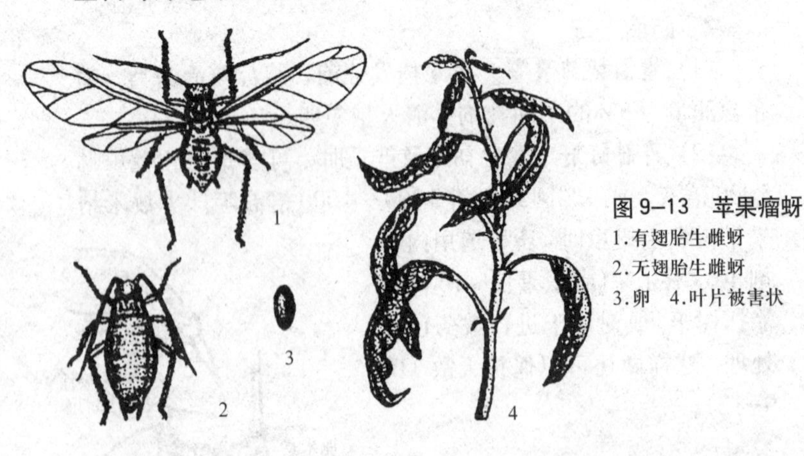

图 9–13　苹果瘤蚜
1.有翅胎生雌蚜
2.无翅胎生雌蚜
3.卵　4.叶片被害状

被害幼果果面生有许多红斑，斑痕凹陷。新梢生长和花芽形成受到影响，苹果树发育不良，对当年及次年产量产生不利影响。

1．发生规律

该虫一年发生10多代，以卵在一年生枝条芽缝里、芽腋基部或剪锯口越冬。越冬卵在次年 4 月上旬开始孵化。蚜群聚集在芽叶上为害，自春季至秋季均进行孤雌胎生繁殖。苹果受害以6月中下旬最为严重。10～11 月份出现性蚜，交尾后产卵越冬。

2. 防治方法

苹果瘤蚜的防治，可参考绣线菊蚜的防治方法进行。

（九）苹果绵蚜

别名血色蚜虫、赤蚜等。目前在我国仅分布于大连、青岛、烟台、昆明和拉萨等地区，是国际国内的检疫对象。它的寄主植物有苹果、海棠、沙果和山荆子等。在原发地区美国还危害洋梨、李、山楂和榆等。该虫聚集于寄主的枝条、枝干伤口及根部吸取汁液。被害部位膨大成瘤，常破裂而阻碍水分和养分的输导，严重时使苹果树逐渐枯死(图9–14)该虫还危害果实萼洼及梗洼部分。

图 9–14　苹果绵蚜

1，2. 有翅胎生雌蚜及触角

3. 无翅雌蚜(蜡毛全去掉)

4. 无翅雌蚜(胸部蜡毛全去掉)

5，6. 枝条和根部被害状

1. 发生规律

该虫每年发生13～18代，以若蚜在苹果树干伤疤裂缝内及根蘖上越冬。翌年5月上旬卵胎生若蚜，多在原处扩大群落。5月下旬至6月份，是该虫全年繁殖盛期。此时完成一代仅需11天左右。1龄若蚜四处扩散，一年生枝条也多在此时被害。11月中旬，若蚜进入越冬状态。

苹果绵蚜除以无翅雌蚜进行孤雌生殖外，在全年发生季节内还出现两次有翅胎生蚜。第一次在5月下旬至6月下旬，为数不多；第二次在8月底至10月下旬，数量较大。这些有翅蚜能起到近距离传播该虫的作用。

2. 防治方法

(1) **加强检疫** 不要从发生苹果绵蚜的地区调运苗木和接穗。对外地调进的苗木和接穗，可用40%乐果乳油1000倍液浸泡2~3分钟，杀灭该害虫。

(2) **根部施药** 4~5月份，将树干周围1米内的土壤扒开，露出根部，每株撒25%乐果粉或5%辛硫磷颗粒剂2~2.5千克。撒药后用原土覆盖。

(3) **树上喷药** 于蚜虫在枝干上为害期，对苹果树喷48%毒死蜱1500倍液，或40%蚜灭多1500倍液，消灭苹果绵蚜。

(4) **保护和利用天敌** 苹果绵蚜的捕食性天敌，有七星瓢虫、异色瓢虫、多异瓢虫、黑条长瓢虫、黄缘巧瓢虫、六斑月瓢虫、白条菌瓢虫、十一星瓢虫、大草蛉以及多种食蚜蝇等。寄生性天敌有日光蜂（图9–15)。这些天敌对苹果绵蚜的寄生率高达80%，可繁殖利用。

图9–15 苹果绵蚜日光蜂

（十）刺蛾类

在苹果树上造成严重危害的刺蛾，有黄刺蛾、褐边绿刺蛾、双齿绿刺蛾、扁刺蛾和梨娜刺蛾（图 9–16）。刺蛾以幼虫取食叶片。幼龄时仅在叶面取食，残留下表皮；大龄幼虫咬食叶片呈缺刻，严重时可将叶片全部吃光。幼虫体上有毒毛，刺及人体皮肤后会引起红肿和疼痛。

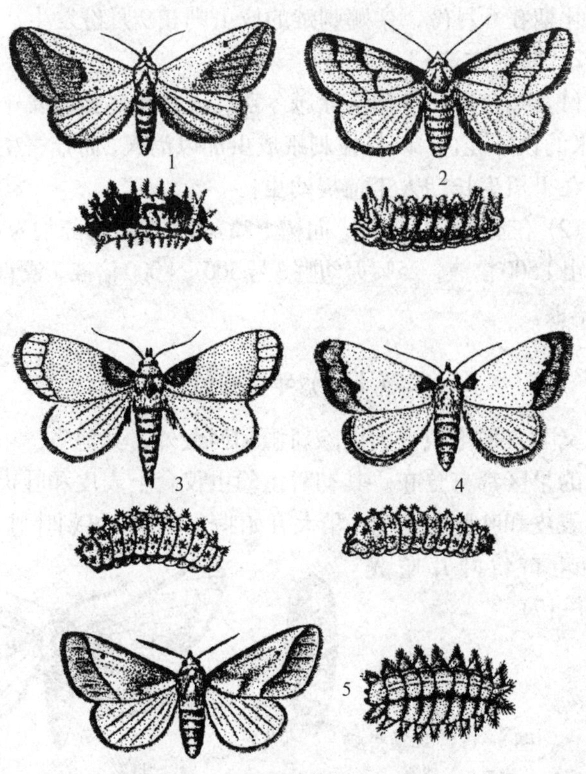

图 9–16　五种刺蛾的成虫和幼虫

1.黄刺蛾　2.梨娜刺蛾　3.褐边绿刺蛾　4.双齿绿刺蛾　5.扁刺蛾

1．发生规律

这几种刺蛾在苹果和梨区一年大都发生1代，以老熟幼虫在树干枝条上或土中结茧越冬。成虫昼伏夜出，有趋光性。雌蛾多产卵于叶背，排列成块。卵期7天左右。初孵出幼虫群集叶背啃食叶肉，稍大后逐渐分散，蚕食叶片，大量发生时可将叶片吃光。黄刺蛾成虫在6月中旬至7月中旬发生，褐边绿刺蛾和扁刺蛾成虫发生期在6月上中旬，双齿绿刺蛾成虫羽化期在6月份，梨娜刺蛾的成虫则在9月份发生。

2．防治方法

(1) 结合果树冬剪清除越冬茧，或将越冬茧收集于网眼8毫米的铁纱笼内，以封住刺蛾成虫加以消灭，而让寄生蜂飞出。在果树生长期人工捕捉幼虫。

(2) 在幼虫发生初期，向树上喷药，可选用的药剂为：90%敌百虫1500倍液，25%灭幼脲3号500～1000倍液，或青虫菌800倍液。

（十一）苹掌舟蛾

又名舟形毛虫。国内除新疆和西藏外，其他省、市、自治区的果区都有分布。其初孵出幼虫仅食上表皮和叶肉，残留下表皮和叶脉呈网状；稍大开始啃食叶片，仅剩叶脉；3龄后幼虫可将叶片吃光(图9–17)。

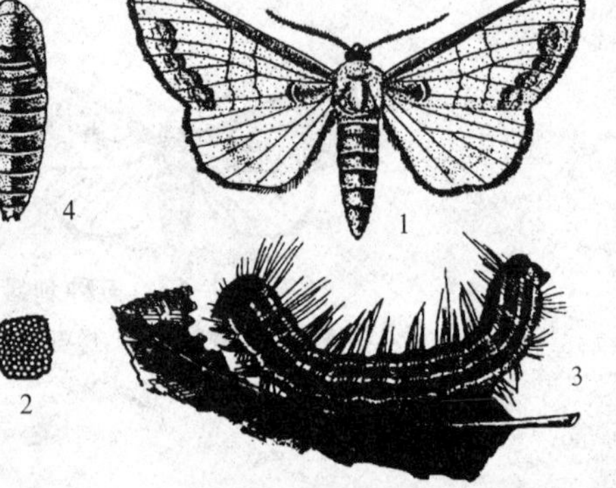

图9–17　苹掌舟蛾

1.成虫　2.卵块
3.幼虫　4.蛹

1. 发生规律

苹掌舟蛾一年发生1代，以蛹在树盘下越冬。成虫7月上旬至8月上旬羽化，趋光性强。雌蛾将卵产于树冠中下部枝条的叶背，几十粒甚至上百粒密集而整齐地排在一起。幼虫孵出后成一横排啃食叶肉，稍大后分散为害，吃光叶片。幼虫受惊动时吐丝下垂，静止时首尾翘起，似停泊之群舟，故叫舟形毛虫。8月下旬至9月中旬，老熟幼虫入土化蛹越冬。

2. 防治方法

(1) **消灭越冬蛹** 在秋季深翻树盘，消灭越冬蛹或将其暴露于地表干死冻死。

(2) **人工消灭幼虫** 幼虫末分散前及时剪除有虫叶片，或振动树枝使幼虫吐丝下垂，予以集中消灭（图9–18）。

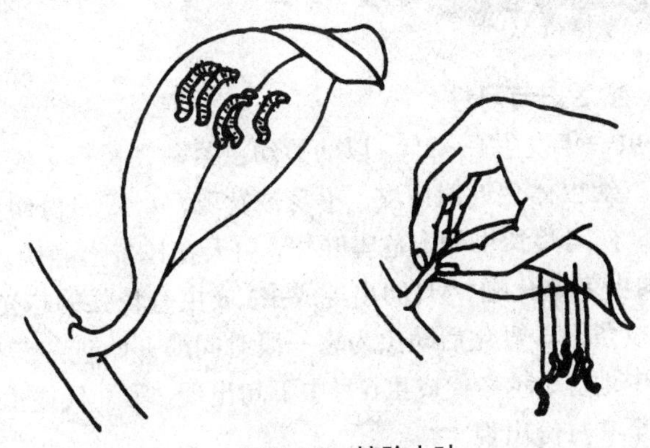

图9–18 摘除虫叶

(3) **喷药杀虫** 在初龄幼虫期，向苹果树上喷施90%敌百虫1500倍液，或25%灭幼脲3号1000倍液，或含活孢子100亿／克的青虫菌800倍液。

（十二）苹果枯叶蛾

又名苹毛虫（图9–19），俗称贴树皮。寄主植物有苹果、梨、李、杏、梅和樱桃等。幼虫可将果树叶片吃成大缺刻状或吃尽，仅留叶柄。

图9–19　苹果枯叶蛾
1.成虫　2.幼虫

1. 生活史与习性

该虫一年发生1～2代。以幼龄幼虫紧贴在树干上或枯叶内越冬。幼虫体色近似树皮，不易被发现。4～5月份幼虫开始活动，夜间爬到小枝上危害叶片，白天在枝条上静伏。6～7月份幼虫老熟化蛹，7月间出现成虫。成虫有较强的趋光性。产卵于枝条上。孵化后幼虫为害一段时间即开始越冬。在陕西省关中地区，越冬代成虫6月中下旬出现，第一代成虫于7月下旬至9月份出现。

2. 防治方法

（1）**人工捕杀**　结合冬剪捕杀越冬幼虫。在小幼虫群集尚未分散时，及时剪除有虫叶片，集中消灭幼虫。

（2）**保护利用天敌**　将收集的虫卵、蛹茧分别放入纱笼中，保护天敌飞出，而将害虫留在笼内加以消灭。要保护益鸟，利用益鸟消灭害虫。

(3) **药剂防治** 幼虫出蛰后，喷95%巴丹2000～3000倍液，或青虫菌(含细菌100亿／克)500～1000倍液＋0.1%洗衣粉液等，杀灭该虫。

（十三）金纹细蛾

金纹细蛾，广泛分布于我国北部、中部和西北部地区的果区。近年来，该虫发生普遍，种群数量明显增多。幼虫潜入叶背表皮下取食叶肉，使下表皮与叶肉分离，并被幼虫横向缀连，致使上表皮拱起呈囊泡纱网状（图9–20）。严重时一个叶片有10个虫斑左右，使叶片功能丧失，甚者大量脱落。

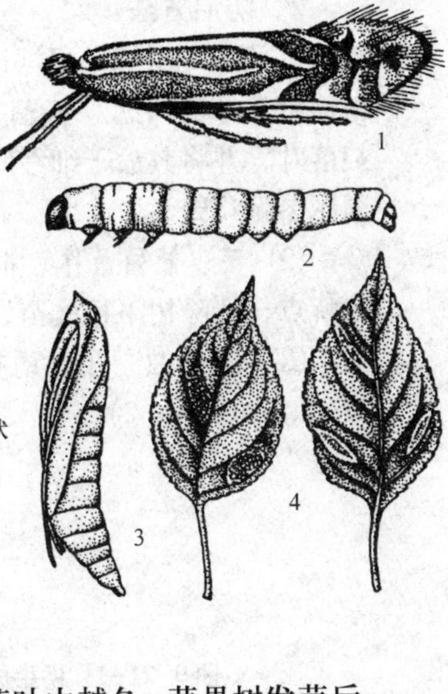

图9–20 金纹细蛾

1.成虫 2.幼虫 3.蛹

4.被害叶的正面与反面状

1. 发生规律

一年发生5代，以蛹在被害落叶中越冬。苹果树发芽后，越冬蛹羽化。在陕西省关中地区其各代成虫发生盛期为：越冬代发生在3月中旬到4月上旬，第一代发生在6月中下旬，第二代发生在7月中下旬，第三代发生在8月中旬，第四代发生在9月中下旬。成虫喜欢早晚活动，多于树冠下部飞舞和交尾。常产卵于果树嫩叶背面，每雌可产卵30～40粒。第一代卵期为12天，以后各代的卵期缩短。幼虫孵化后，从卵壳底部直接蛀入叶内啃食叶肉。这时在叶背可见较浅色斑。随着虫龄增大，虫斑扩大，上表皮拱起。老熟幼虫在虫斑内化蛹。成虫羽化时，将蛹壳前半部带出虫斑外。

在金纹细蛾的天敌中，有8种寄生蜂作用较大。特别是金纹细蛾跳小蜂、姬小蜂和绒茧蜂，对金纹细蛾的发生和危害起着重要的控制作用。

2．防治方法

(1)**消灭越冬蛹**　根据该虫以蛹在落叶中越冬的特点在果树休眠期深翻树盘，埋落叶及其中的越冬蛹于深土层；或清扫落叶，并将其放于细纱网中，待寄生蜂羽化后，将落叶连同越冬蛹烧毁。

(2) **减少繁殖条件**　根据成虫多于树冠下部飞舞和交尾的特点，清除树下根蘖苗，减少金纹细蛾的繁殖数量。

(3)**诱杀成虫**　用性诱芯设置性诱捕器，诱杀成虫（图9–21–1，图9–21–2）。

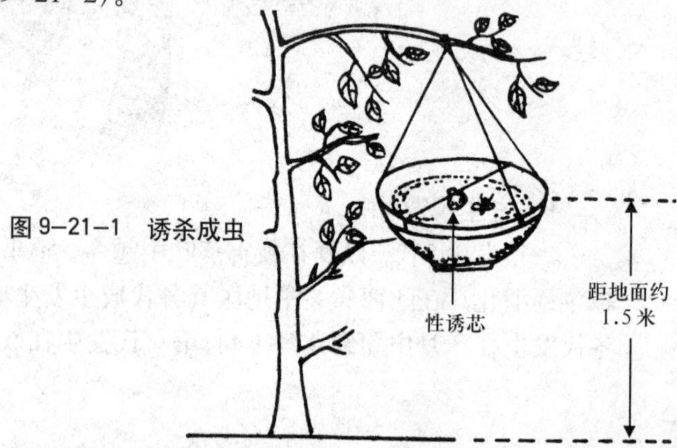

图9–21–1　诱杀成虫

图 9-21-2 简易性诱捕器

(4)**施药防治** 狠抓前期特别是越冬代和第一代成虫盛发期的药剂防治。可用25%灭幼脲3号2500倍液或1%阿维菌素5000倍液。

（十四）旋纹潜蛾

又名苹果潜叶蛾。在华北、西北和黄河故道地区严重危害梨和苹果。幼虫钻入叶内为害，并排粪于其中，形成同心旋纹状。严重时一个叶片有10多个虫斑，大大影响叶片的功能（图9-22）。

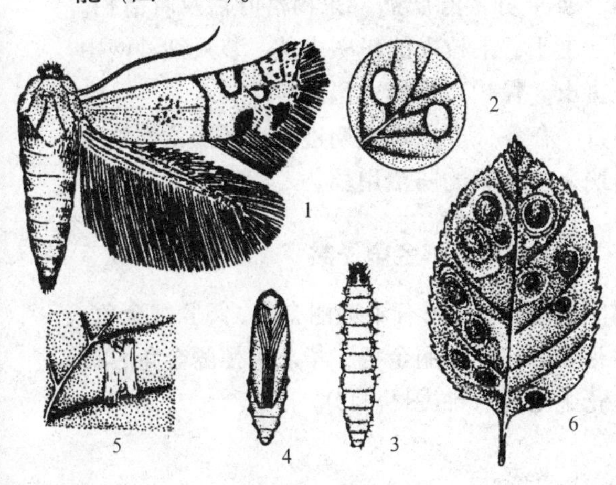

图 9-22 旋纹潜蛾

1.成虫 2.卵 3.幼虫 4.蛹 5.茧 6.被害叶状

1．发生规律

在陕西该虫一年发生4代，以蛹在树枝干裂缝、落叶上等处的茧内越冬。4月上旬，越冬蛹羽化，其羽化时间多在早晨。成虫喜欢在中午气温高时飞舞，夜间静伏枝叶上不动。成虫出现盛期在4月中旬。卵多单产于叶背，每雌可产卵40粒左右。卵期在夏季为7～10天，在春、秋季为20天左右。孵化后幼虫直接从卵壳下蛀入叶内，潜食叶肉。幼虫老熟后爬出虫斑，吐丝下垂，飘移到枝杈或叶片上作白色梭形茧化蛹。以后各代的成虫发生期，分别为6月中下旬、7月中下旬和8月中旬至9月上旬。9月下旬开始，幼虫进入越冬场所，结茧化蛹越冬。

旋纹潜蛾的寄生蜂姬小蜂，其寄生率可达80%，是控制旋纹潜蛾的主要天敌。

2．防治方法

(1) **消灭越冬虫茧**　8月下旬，在树干或大枝基部束草圈，诱集幼虫入内做茧越冬，然后进行集中处理。

(2) **封杀越冬茧中羽化的成虫**　果树落叶后及时清扫。冬春季节彻底刮除主干、主枝上的越冬虫茧，装入细纱网中挂于树上，封住害虫，保护寄生蜂飞出。

(3) **喷药防治**　在各代成虫盛发期进行喷药防治，施用药剂种类，可参照金纹细蛾的防治用药。

（十五）金龟子类

危害苹果树的金龟子，主要有苹毛丽金龟、阔胫绒金龟、黑绒金龟、小青花金龟、铜绿丽金龟、华北大黑鳃金龟、棕色鳃金龟和白星花金龟等八种(图9–23)。

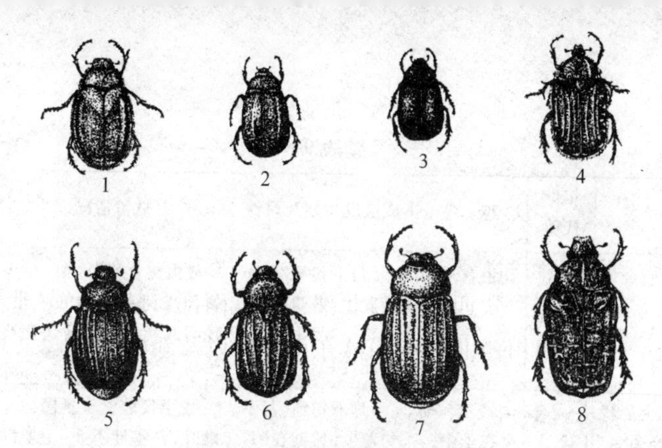

图 9–23 几种金龟子的成虫

1.苹毛丽金龟 2.阔胫绒金龟 3.黑绒金龟 4.小青花金龟
5.铜绿丽金龟 6.华北大黑鳃金龟 7.棕色鳃金龟 8.白星花金龟

1. 发生规律

苹毛丽金龟等八种金龟子的生活习性以及对果树的危害情况见表 9–3。

表 9–3 八种金龟子的生活习性和危害情况

虫 名	年世代数	越 冬	成虫发生期及习性	危害情况
苹毛丽金龟	1代	成虫在土中	3~4月份杨柳发芽期出土；有假死性	成虫春季先食害杨、柳树的嫩芽，再转害苹果和梨的芽与花。白天为害
黑绒金龟	1代	成虫在土中	4月上旬至6月上旬发生，盛期在4月中旬至5月中旬；有假死性和趋光性	危害情况同上。早春多在白天取食芽与花；温度高时白天潜伏在土中，16时后出土活动，傍晚活动最盛
阔胫绒金龟	1代	成虫在土中	5~8月份发生；白天潜伏土中，晚上活动；有趋光性	成虫食害梨、桃和葡萄等果树的叶片与花；幼虫危害地下组织
小青花金龟	1代	成虫在土中	4~6月份	成虫最喜食花，潜入花心食害花蕊、柱头和花瓣。晴天多白天取食，阴天则栖息花中

续表 9-3

虫 名	年世代数	越 冬	成虫发生期及习性	危害情况
铜绿丽金龟	1代	幼虫在土中	5月下旬至8月下旬发生;盛期在6月中旬至7月中旬;有假死性和趋光性	成虫喜食苹果、梨、桃等多种果树和林木的叶片。晚间取食，白天潜伏在草丛和土块下
华北大黑鳃金龟	1~2年1代	成虫、幼虫在土中	4月下旬到8月下旬发生,盛期在6月中旬	成虫仅取食少量榆、槐嫩叶,危害性不大。主要以幼虫危害苗木和农作物的根，致缺苗断垄
棕色鳃金龟	2年1代	成虫、幼虫在土中	3月中旬到5月上旬发生，盛期在4月上中旬	危害情况同华北大黑鳃金龟
白星花金龟	1代	幼虫在土中	5~9月份发生,盛期在6~7月份。有假死性,对光和糖醋液、果汁有很强的趋性	成虫喜食苹果、梨、葡萄等果实，常数头聚集在伤果或成熟果实上为害，形成深坑。多于白天为害

2．防治方法

(1) **诱杀捕杀成虫** 灯光诱杀有趋光性的金龟子。对有假死性的可敲树振落，人工捕杀（图9-24)。也可在傍晚剪取杨、柳枝条，将其浸蘸75%辛硫磷100倍液后,挂在果树上诱杀该虫。还可将糖醋液或腐烂果汁加入敌百虫药液后，装入罐头瓶中，或者将削了皮的果实浸蘸敌百虫药液后，挂于果园中诱杀白星花金龟。

图9-24 敲树振落捕杀金龟子

(2) **毒杀与驱避成虫** 对食花和食叶的种类，在成虫发生初期，朝树冠喷施溴氰菊酯1份加敌敌畏5份的5000倍液，杀灭该虫。或喷布同类金龟子尸体的发酵液，驱避金龟子，以减轻危害。

(3)**毒杀出土成虫** 对成虫白天潜伏土中的种类，可在树盘内或园边杂草内，喷施75%辛硫磷乳剂1 000倍液，然后将地表药液浅锄入土；或结合翻耕，用对硫磷或辛硫磷微胶囊300倍液喷洒地面，然后将地表药液翻入土中，以毒杀出入土的成虫。

(4) **施药消灭地下幼虫** 不要将未腐熟的厩肥施入果园。幼园和苗圃中有金龟子幼虫为害时，可沟施氨水，或50%敌敌畏与辛硫磷乳油800倍液的任意一种，消灭地下幼虫。

(5) **翻地杀死幼虫** 果园要精耕细作，深翻多耙，随犁拾虫，借机械作用杀伤幼虫，把幼虫翻出土面，让天敌消灭，或使其不适环境而致死。

（十六）苹果小吉丁

又名金蛀甲。在我国北方10多个省、市、自治区都有分布。主要危害苹果、沙果和海棠等果树。幼虫在枝干皮层内蛀食，虫粪和树液混合流出，俗称“冒红油”。危害严重时，果树皮层凹陷，干裂枯死（图9-25）。

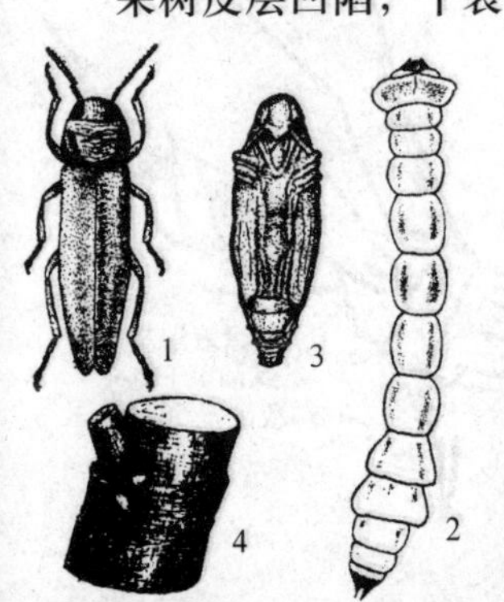

5

图9-25 苹果小吉丁
1.成虫 2.幼虫 3.蛹
4.产在枝侧的卵
5.树干被害状

1．发生规律

苹小吉丁虫在山西省阳高地区三年发生两代，在陕西省凤县、甘肃省陇南和天水地区大部分一年发生1代。主要以老熟幼虫、个别以蛹在木质部越冬。翌春基本不为害。5月上旬开始羽化，5月下旬至6月下旬为羽化盛期。在海拔较低的川道地，大部分以幼龄幼虫在皮层内越冬，翌春3月下旬幼虫继续为害，5月中旬开始化蛹，盛期在6月下旬至7月中旬。成虫羽化后，一般在蛹室停留8～10天才出洞。喜阳光，在中午温度较高时很活跃，围绕树冠飞迁，取食叶片边缘，咬成缺刻。经8～24天取食后开始产卵。卵多散产于树干裂缝或芽两侧等不光滑处，每处产1～3粒，每雌可产卵20～70粒。幼树主干、主枝的向阳面和大树外围着卵量大。卵期10～13天。初孵出的幼虫仅在表皮下蛀食。稍大后幼虫蛀至形成层。在粗大枝干中为害时形成的隧道，一般顺生长方向回旋成长椭圆形的圈；在细枝上的隧道多为狭长带。

苹小吉丁虫在幼虫或蛹期，有一种啮小蜂天敌，寄生率为36%。在秋、冬季，约有30%的幼虫和蛹被啄木鸟所取食。

2．防治措施

(1) **涂药杀虫**　于春季发芽前和秋季落叶期，在冒红油的虫疤处涂抹煤油敌敌畏液(用1千克煤油加入80%敌敌畏乳油50毫升配成)，毒杀皮层下的幼虫（图9-26）。

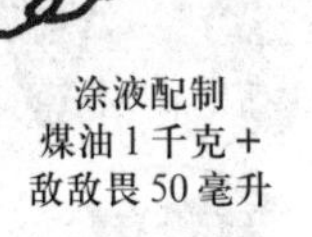

图9-26　涂药杀吉丁虫

(2) **喷药消灭成虫**　成虫发生期，用80%敌敌畏1000倍液朝树上喷雾，对幼虫也有一定的杀灭效果。

(3)**砍烧死树灭虫**　在成虫羽化前，将被该虫危害的枯枝死树，锯掉烧毁，消灭其中的害虫。

（十七）顶角筒天牛

又称苹枝天牛。分布较广，在辽宁、河南、山东、陕西和四川等省均有分布。危害的寄主植物有苹果、梨、桃、梅、李、杏、山楂和樱桃等，以幼虫在细枝中蛀食为害，致枝梢枯死（图9–27）。

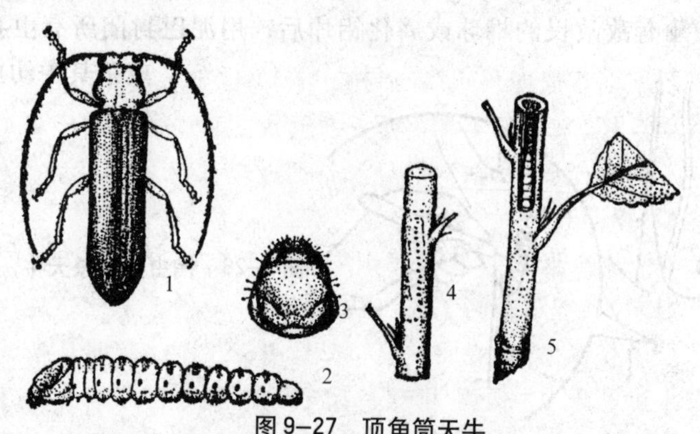

图9–27　顶角筒天牛

1.成虫　2.幼虫　3.幼虫头及前胸背板　4.产卵刻痕　5.被害状

1. 发生规律

顶角筒天牛一年发生1代，以老熟幼虫在被害枝条内越冬。来年4月化蛹，蛹期15～20天。成虫羽化后不及时出枝，至6月份田间才出现成虫。卵产于当年生新梢的皮层内。产卵前，雌虫先用口器将新梢皮部咬成环沟，再从环沟向枝梢的上方咬一纵沟，将卵产于纵沟的一侧。卵孵化后，幼虫先在环沟上方嫩梢内蛀食幼嫩的木质部，后沿髓部向下蛀食，使枝条中空成筒状。幼虫每隔一定距离咬一排粪孔，排出淡黄色粪便。7～8月间，被害部位以上的枝条枯黄。其危害状容易辨认。

2. 防治方法

(1)**捕捉成虫**　6月份成虫出现时，组织人员捕捉成虫。

(2) **剪除虫枝**　7～8月间经常检查，发现被害枝梢及时剪除，消灭枝内幼虫。

(3)**刺杀、熏杀树内幼虫**　对于在枝干上为害的天牛种类，可用铁丝刺入虫孔内刺杀幼虫（图9–28）。也可在虫孔内塞入蘸有敌敌畏的棉球或磷化铝片后，用泥巴封闭所有虫孔，熏杀其中幼虫。

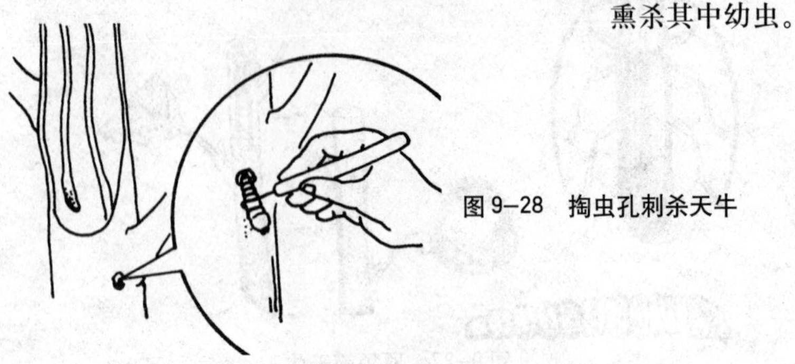

图9–28　掏虫孔刺杀天牛

二、主要病害的预测和防治

（一）苹果树腐烂病

苹果腐烂病（图9–29），是苹果最严重的病害之一。日本、朝鲜和我国苹果产区均有分布。该病除危害苹果树外，还可危害沙果、海棠和山定子等。

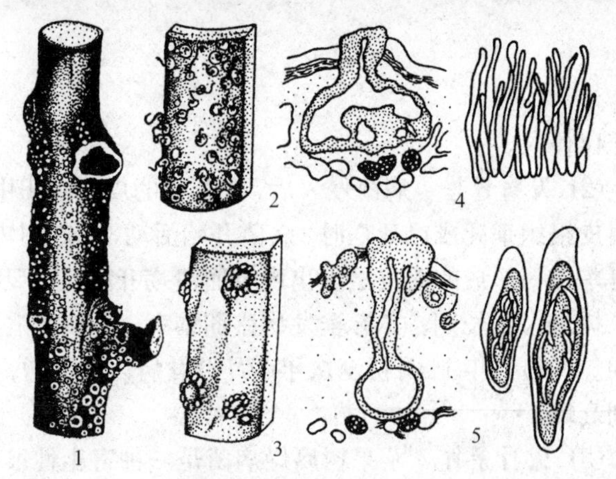

图9–29　苹果树腐烂病

1.被害枝干　2.丝状孢子角　3.内子座生子囊壳
4.孢子器、分生孢子及孢子梗　5.子囊壳、子囊及子囊孢子

该病对苹果树的危害有以下表现：

溃疡型：冬、春季树皮开始发病后，病部初期呈水渍状，稍隆起，皮层松软。后变为红褐色，并流出汁液，有酒糟味。最后病皮失水干缩下陷，成为长圆病疤，其上生出许多黑色小颗粒子座。子座在雨后或潮湿时吸水膨胀，产生橘黄色的丝状孢子角。病疤不断扩大，环绕枝干，引起枯枝死树。

枯枝型：1～5年生小枝发病，病菌菌丝迅速扩展，环缢枝条，使病枝失水干枯死亡。苹果树腐烂病在特殊条件下也能危害果实。果实受雹伤后，病菌常从伤口处侵入，引起发病。病斑近圆形或不规则形，暗褐色，发生腐烂，有酒糟味。病部常产生小黑点，潮湿时涌出孢子角。

1. 侵染循环

(1) **侵染特点**　该病以菌丝体、分生孢子器及子囊壳，在病树及砍伐病残枝的皮层中越冬。翌年春季遇到降水，分生孢子器吸水膨胀，产生孢子角，通过雨水冲溅或随风传播。此外，苹果透翅蛾和梨潜皮细蛾等昆虫也能传播。病菌只能从伤口侵入。

(2) **发病过程** 病菌侵入后，在死亡的皮层组织中潜伏。当树皮组织垂死或已死亡时，病菌开始活动，引起树皮腐烂。从夏季在新形成的落皮层上出现表面溃疡开始，至翌年春季苹果树进入生长期，冬春季发病盛期结束，是腐烂病的发病周期。一般当年11月份至次年1月份发病数量剧增，1月份达到高峰。

(3) **流行条件** 苹果树腐烂病菌是一种寄生性很弱的真菌，能在树皮各部潜伏。树势衰弱，愈伤能力低，常引起腐烂病流行。栽培管理粗放，土壤板结，根系发育不良，结果过多，肥水供应不足，其他病虫防治不好引起早期落叶，冬、春季发生冻害等，都是这种病害流行的原因。

2.防治方法

(1) **增强树势** 深翻改土，增施有机肥和磷、钾肥。可按每生产100千克苹果需施氮、钾各0.7千克，磷0.3千克的原则进行补充。要细致修剪，合理疏花疏果，控制结果量，避免大、小年。要加强对其他病虫害的防治。

(2) **喷药涂药** 6月中下旬，新落皮层形成而尚未出现表面溃疡时，对主干、主枝涂刷腐必清原液。在晚秋、初冬或发芽前，喷洒腐必清50～100倍液，消灭潜伏病菌。对剪锯口，要在修剪后及时用以下第三条防治方法中所提供的药剂进行涂抹。

(3) **及时刮治** 坚持每月全园检查一次，发现病疤及时刮除（图9-30），并用30%腐烂敌30倍液、腐必清原液或843康复剂消毒。或在病疤上纵横划1厘米宽道，深达木质部，然后涂“11371”发酵液、843康复剂、腐必清原液或S-921的30倍液，或绿树神医-9281液。

(4) **清除菌源** 将刮除的病皮、剪除的病枝及枯死的病树，及时带出果园并烧毁。

(5) **及时桥接或脚接** 对主干、主枝上的病疤，要及时进行桥接和脚接，帮助恢复树势。

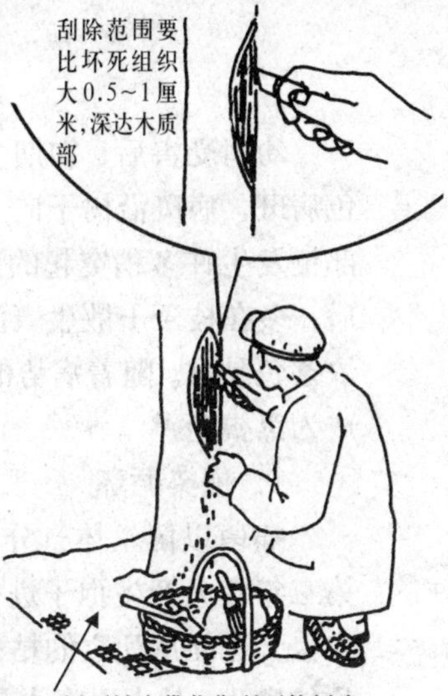

刮除范围要比坏死组织大0.5~1厘米，深达木质部

树下铺麻袋收集刮下的树皮

图 9–30 刮治腐烂病疤

（二）苹果干腐病

又称胴腐病（图9–31）。是苹果枝干的重要病害之一，全国各苹果区均有分布。该病的寄主范围较广，除危害苹果外，桃、杨、柳和柑橘也都可受害。

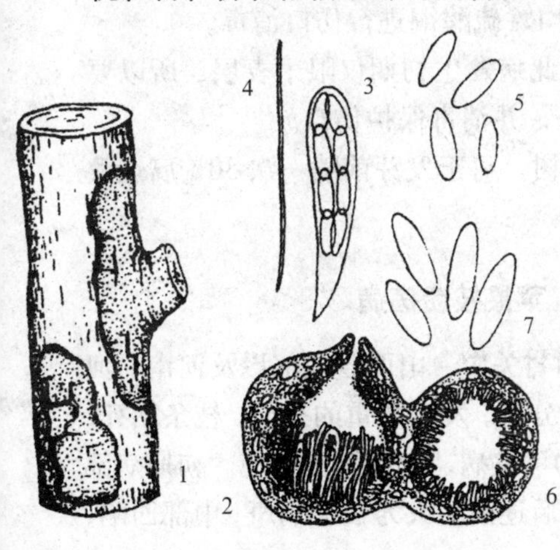

图 9–31 苹果干腐病

1.病枝干 2.子囊壳 3.子囊 4.侧丝 5.子囊孢子 6.分生孢子器 7.分生孢子

幼树受害后，初期多在嫁接部位附近形成暗褐色至黑褐色病斑，病斑沿树干向上扩大，严重时幼树干枯死亡。被害部位发生许多稍突起的黑色小粒点(分生孢子器)。大树受害后，多在枝干上散生表面湿润的不规则暗褐色病疤，并溢出浓茶色黏液。随着病势的发展，病斑不断扩大，被害部失水，成为黑褐色。

1．侵染循环

病菌以菌丝体、分生孢子器及子囊壳在枝干病部越冬，第二年春天产生孢子进行侵染。病菌孢子随风传播，经伤口入侵，也能从死亡的枯芽和皮孔入侵。5月中旬至10月下旬均能发生。其中以降水量少的月份发病重，干旱年份发病重，干旱季节发病重。果园管理水平低，地势低洼，肥水不足或偏施氮肥，都有利于此病害的发生。苹果品种中，以国光、青香蕉等受害严重，红玉、元帅、鸡冠和祝光等受害较轻。

2．防治方法

(1) **加强栽培管理**　培育壮苗，合理栽培，防止苗木徒长。芽接苗剪砧时，应用1%硫酸铜进行伤口消毒。

(2) **刮除病斑**　因为此病发生初期仅限于表层，所以要加强检查，及时刮除病斑，并消毒保护伤口。

(3) **喷药保护**　对大树，可于发芽前喷一次30%腐烂敌80倍液，进行预防。

（三）苹果枝溃疡病

也称芽腐病。在陕西省关中、山西省南部以及河南、河北、江苏北部的苹果区有分布。发病严重的果园，枝条枯死。病菌危害枝干，大小枝均可发病，产生溃疡病疤。初期病部出现红褐色圆形小斑。随后逐渐扩大为梭形病斑，中部凹陷，四周及中央发生裂缝并翘起。遇潮湿时裂缝四周长出粉白色霉状物和腐生菌的粉状或黑色颗粒（图 9–32）。

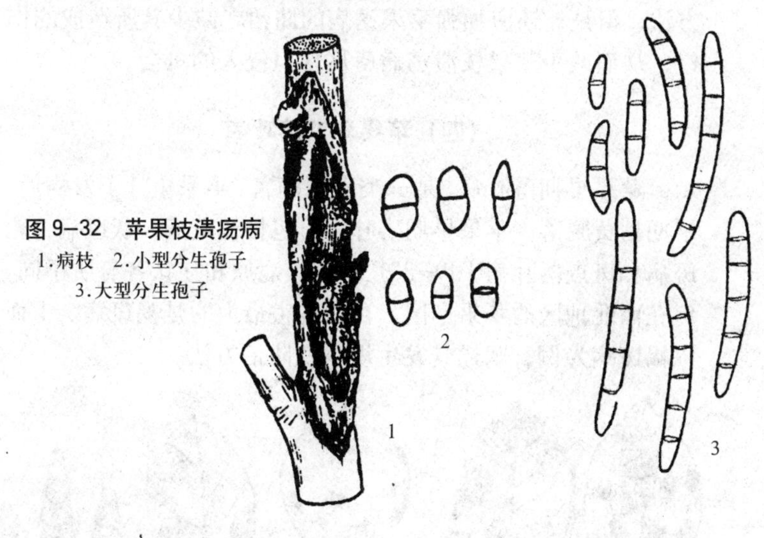

图 9–32　苹果枝溃疡病

1.病枝　2.小型分生孢子

3.大型分生孢子

1. 侵染循环

病菌以菌丝在病组织中越冬，翌年春季及整个生长季节均可产生分生孢子。主要由大孢子借助于蚜虫和蚂蚁等昆虫，或雨水与气流传播，秋季和初冬为主要侵染时期。病菌只能经伤口入侵苹果枝条，以叶痕周围的裂缝为主，病虫伤口、修剪伤口及冻害部位，也均可受侵染。适宜苹果枝溃疡病发生的气候条件，是冬季温暖、雨雪少和春季降水较多、湿度大，气温回升较慢。果园低湿，土壤黏重，排水不良，也有利于发病。因施氮肥过多而长势过旺的大树，也较易感病。在苹果树各品种中，以大国光、国光及金冠最感病，其次是祝光、倭锦、柳玉和印度较感病，发病较轻的品种，有红玉、青香蕉、元帅、红星和鸡冠等。

2. 防治方法

苹果枝溃疡病的防治方法，基本同苹果树腐烂病的防治方法。但是，还应加强苹果锈病的防治，减少其所造成的伤口，从而减少苹果枝溃疡病菌从伤口侵入的机会。

（四）苹果早期落叶病

苹果早期落叶病，是一类真菌病害。苹果树叶子发病后，早期枯黄脱落。苹果早期落叶病，包括褐斑病、灰斑病、轮斑病和斑点落叶病(图9−33)。它们的病原和症状各有所不同，但在西北地区的苹果产区，目前危害最大的是褐斑病。下面以褐斑病为例，阐述其发生规律及防治方法。

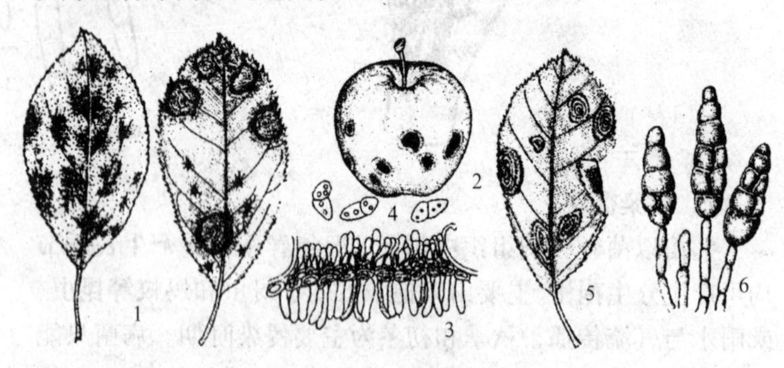

图 9−33 早期落叶病

苹果褐斑病：1.病叶上针芒状和轮纹状病斑 2.病果 3.分生孢子盘 4.分生孢子

苹果轮斑病：5.病叶 6.分生孢子梗及分生孢子

褐斑病在叶片上的病斑有三种类型：

轮纹型：叶片发病初期，在正面出现黄褐色小点，后逐渐扩大为圆形，中心为暗褐色，四周为黄色，病斑周围有绿色晕，病斑中出现黑色小点，呈同心轮纹状。叶背为暗褐色，四周浅褐色，无明显边缘。

针芒型：病斑似针芒状向外扩展，无一定边缘。病斑小，数量多，布满叶片。

混合型：病斑大，不规则，其上也有小黑粒点。病斑暗褐色，后期中央为灰白色，边缘有的仍为绿色。

果实发病时在果面出现淡褐色小斑点，逐渐扩大成直径为6～12毫米的圆形或不规则的褐色斑，凹陷。病部果肉为褐色，呈海绵状干腐。

1．侵染循环

褐斑病以菌丝或菌索在病叶中越冬，也能在病叶上的子囊盘、拟子囊盘中越冬。孢子靠气流传播。在23℃以上温度和100%相对湿度下，孢子即可萌发，从叶背入侵，经3～14天潜育期后发病。从发病到落叶，一般需13～55天。苹果树幼叶受侵染后，迅速出现枯斑，病部不再扩大，但不存在免疫性。不同苹果品种间对褐斑病的抗性有明显差异，金冠、红玉和元帅品种最感病，国光和祝光品种感病较轻。幼树发病轻，结果树发病重；树冠内膛比外围发病重。雨水和多雾，是病害流行的主要条件。5～6月份降雨早而多的年份，发病早而重。7～8月份高温多雨，病害易大流行。

2．预测预报

对于褐斑病，在园内选历年发病较重的感病品种（富士、红星和金冠等易感褐斑病）树5株，在每株树的东、西、南、北、中五个方位，各标定一枝条，于苹果树花后每三天调查一次，每次检查500～1000个叶片。一旦发现病斑，立即发出预报，进行第一次喷药。有条件的可进行田间孢子捕捉。即在上述调查方位上，各挂一涂有凡士林的载玻片，于花后每五天取回玻片镜检一次，发现病原孢子，立即预报喷药。

对于斑点落叶病，当苹果树展叶后至开花前，日平均气温在15℃以上时，此期间若有降雨（以湿润树冠下的表土为限），即预示着病菌孢子开始散发和侵入。此后3～5天，田间将会出现病叶。苹果树谢花后，固定易感病树3～5株，在每株树上按不同方位固定新枝和内膛枝条，每隔五天调查其上的病叶数，一旦发现病叶，即喷药防治。

3．防治方法

（1）**清扫落叶**　秋、冬季彻底清扫落叶，并清除树上干叶，用以集中沤肥或将其烧毁，以减少菌源（图9–34）。

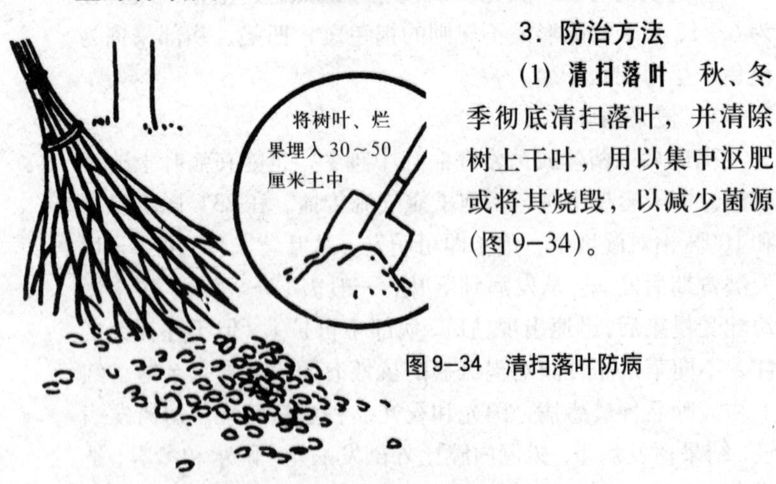

图9–34　清扫落叶防病

（2）**加强管理**　增施肥料，合理修剪，做好低洼地排水工作，加强其他病虫害的防治，提高树体的抗病性。

（3）**喷药保护**　在陕西省关中地区，于5月上中旬、6月上中旬和7月中下旬喷三次药；在渭北和其他海拔较高地区，可推后10～15天喷药。可供选用的有效的药剂有：波尔多液(1∶2∶200)，70%甲基托布津800～1000倍液，50%多菌灵1000倍液。为了避免幼果锈斑的产生，局部果园还可用锌铜波尔多液代替上述波尔多液。

对于斑点落叶病，可于发病前或发病初期，交替喷用

10%多抗霉素可湿性粉剂1000～1500倍液，或50%扑海因可湿性粉剂1000～1500倍液。

（五）苹果白粉病

苹果白粉病(图9–35)，在我国北方各省都有分布。该病除危害苹果外，还危害沙果、海棠、槟子和山定子等。苗木染病后，顶端叶片和幼苗嫩茎发生灰白斑块，覆盖白粉。发病严重时，病斑遍及全叶，叶片枯萎。新梢顶端受害后，展叶迟缓，叶片细长，呈紫红色。顶端弯曲，发育停滞。大树染病后，病芽春季萌发晚，抽出的新梢和嫩叶覆盖有白粉。病梢节间缩短，叶片狭长，叶缘向上，质硬而脆，渐变为褐色，多不能再抽出二次枝。受害严重的树，其花器和幼果均表现出症状。

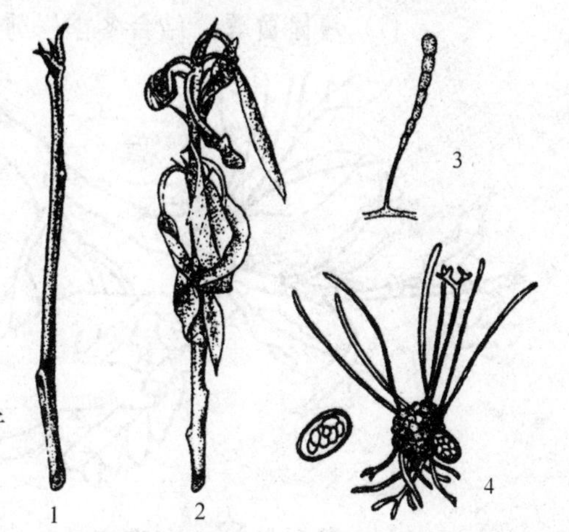

图9–35　苹果白粉病

1.被害梢　2.被害叶　3.分生孢子梗和分生孢子　4.子囊壳和子囊

1. 侵染循环

该病以菌丝潜伏在冬芽的鳞片内过冬。春季果树萌发期，菌丝开始活动，很快产生分生孢子进行侵染。菌丝蔓延在嫩叶、花器及新梢的外表，以吸器伸入寄主内部吸收营养。菌丝发育到一定阶段时，可产生大量分生孢子梗和分生孢子。分生孢子经气流传播。21℃～25℃的温度和70%以上的相对湿度，有利于孢子的发生和传播。夏季冷凉、降雨多、湿度大时，发病严重。5～6月份为侵染盛期，新梢陆续停止生长，正是分生孢子大量形成并传播的时机。此时，顶芽带菌率高于侧芽，上部第一侧芽带菌率高于第二侧芽，第四侧芽以下基本不受害。植株过密，土壤黏重，肥料不足，尤其钾肥不足，管理粗放，均有利于发病。倭锦、红玉和祝光品种最易感染此病，国光品种次之，金冠和元帅品种对此病感染较轻。

2．防治方法

(1) **清除菌源**　结合冬季修剪，剪除病芽病梢。早春开花前，及时摘除病芽病叶（图9-36）。

图9-36　及时剪除病梢

(2) **药剂防治**　在感病品种树上，于苹果嫩芽将要展开时，喷布45%硫悬浮剂200倍液，或15%三唑酮1000～1500倍液。在落花70%左右时及落花10天后，各喷一次药。常选用的药剂为：0.3～0.5波美度石硫合剂，70%甲基托布津1000倍液，50%多菌灵1000倍液，或15%三唑酮1500倍液。

(3) **采取栽培措施**　增施磷肥、钾肥，种植抗病品种。

（六）苹果炭疽病

又名苦腐病、晚腐病(图9–37)。此病在我国大部分苹果产区均有发生，造成的损失很大。炭疽病除寄生于苹果属的植物外，还危害梨、葡萄、刺槐和核桃等植物。

近成熟的果实最易受害。开始，病斑仅为一褐色小点，后逐渐扩大为圆形暗褐色干腐状病斑。病斑边缘清晰，中部凹陷，并有同心轮纹状。果肉变褐腐烂，带有明显的苦味。后期病斑上着生大量的排列成轮状的黑色小点，即为分生孢子盘。天气潮湿时，病斑上分泌出肉红色的孢子块。严重时，病斑可扩大到果面的一半，造成落果。

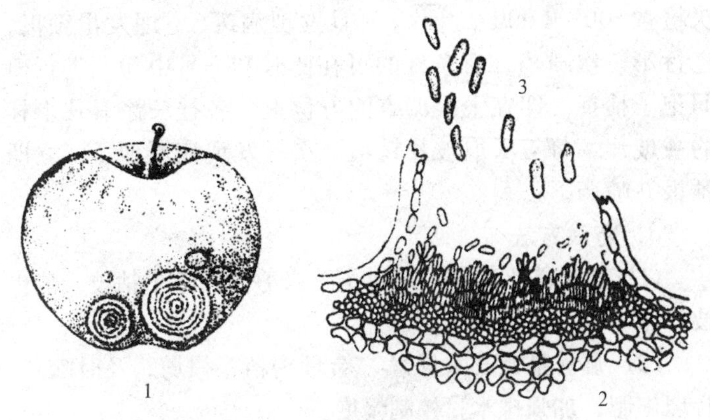

图9–37 苹果炭疽病

1.病果 2.分生孢子盘 3.分生孢子

1. 侵染循环

病菌以菌丝在病果、小僵果、病虫危害的破伤枝和果台上越冬，翌年天气转暖后，产生大量分生孢子，经雨水和昆虫进行传播。高温适于病菌的繁殖和孢子的萌发入侵。在适宜的条件下，孢子接触果面后5小时即可侵入果肉，10小时后，大部分病菌完成入侵。该病在生长季节不断传播，直到晚秋为止。高温、高湿是此病流行的主要条件。南方地区从4月底到5月初，北方地区从5月底到6月初，进入该病侵染盛期。病菌具有潜伏侵染特性。在苹果栽培品种中，以红魁、红玉、旭和倭锦等对该病抗病性差。较抗该病的有醇露、秋金星和瑞光等品种。

2. 预测预报

在园内选历年发病较重的感病品种（如红富士、秦冠和国光等）树五株，在每株树的东、西、南、北、中的五个方位各标定一枝条，于苹果树花后每五天调查一次，每次检查500～1 000个叶片。一旦发现病斑，立即发出预报，进行第一次喷药。有条件的可在此时和5月中旬，进行田间孢子捕捉。即在上次调查的方位上，各挂一涂有凡士林的载玻片，每五天取玻片镜检一次，发现病原孢子，立即预报并喷药。

3. 防治方法

(1) **消灭越冬病原**　结合冬季修剪，剪除干枯枝、病虫枝和僵果等，及时烧毁。

(2) **加强果园栽培管理**　合理密植、修剪，及时除草，合理施肥，加强排水，控制湿度。

(3) **喷药保护**　在苹果树发芽前，喷三氯萘醌50倍液，或五氯酚钠150倍液，铲除树体上宿存的病菌。苹果树落花后，每隔半个月喷一次50%退菌特800倍液+0.03%皮胶的混合药液，或1∶2.5∶200～240倍波尔多液，50%甲基托布津800倍液，50%多菌灵、80%大富丹、4%农抗120的600倍液，或80%炭疽福美800倍液等杀灭病菌，保护树体。

（七）苹果轮纹病

也称粗皮病、瘤皮病(图 9–38)。是我国苹果和梨区的主要病害，在各苹果产区均有发生。

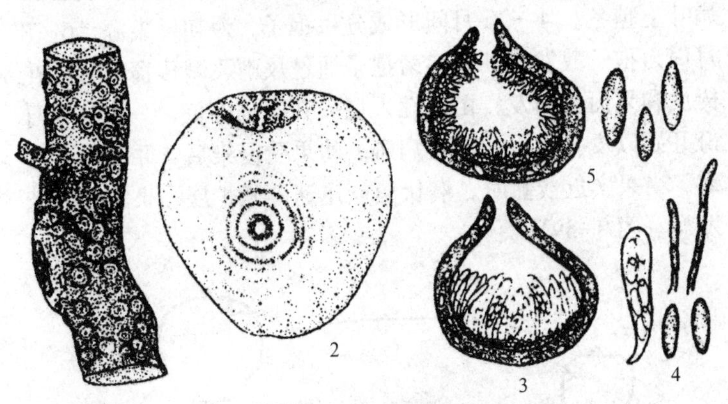

图 9–38　苹果轮纹病

1.病枝干　2.病果　3.子囊壳　4.子囊及子囊孢子　5.分生孢子器及分生孢子

该病主要危害枝干树皮和果实，也可侵害叶片。枝干树皮发病，多以皮孔为中心，形成暗褐色、水渍状小病斑，后扩大成近圆形或椭圆形褐色疣状突起，质地坚硬，直径为3～20毫米。第二年，病疣中间产生黑色小粒点（分生孢子器），病斑与健部裂缝加深，病组织翘起如马鞍状脱落。严重时，许多病斑连在一起，使树皮显得十分粗糙，故有“粗皮病”之称。病斑还可侵入皮层内部，削弱树势，甚至使枝干枯死。果实多在近成熟期和贮藏期发病。以皮孔为中心，生成水渍状褐色小斑点，很快成同心轮纹状，向四周扩大，出现黄褐色软腐，并有茶褐色黏液流出。失水后变成黑色僵果。叶片发病产生近圆形或不规则形的同心轮纹状褐色病斑。病斑逐渐变为灰白色，并长出黑色小粒点。叶片上病斑多时，往往引起早枯脱落。

1. 侵染循环

病菌以菌丝体、分生孢子器及子囊壳，在病枝、病果和病叶上越冬。4～6月间形成分生孢子，为初侵染源。6～8月份为孢子散发盛期。病菌孢子通过风雨飞溅传播，着落在树皮和果面上萌发，由皮孔入侵。在新梢部位，一般从8月份开始以皮孔为中心出现病斑。幼果受侵染后，并不立即发病。当果实近成熟时，潜伏菌丝迅速蔓延扩展，果实才开始发病（图9-39）。

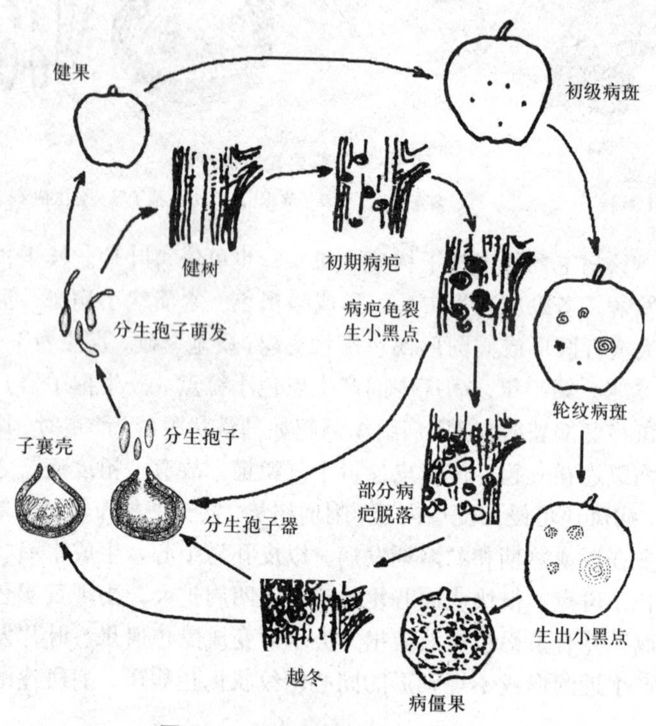

图9-39 苹果轮纹病发生过程

果实采收期，为该病的田间发病高峰期。果实贮藏期，也是该病的主要发生期。轮纹病的发生和流行，与气候、品种、栽培管理及树势关系密切。当气温达20℃以上，连续降雨达10毫米以上时，或空气相对湿度达90%以上，夜间结露时间较长时，有利于发病。不同的苹果品种间，抗病性有差异。金冠、富士、千秋、津轻、青香蕉、新乔纳金、金矮生、王林和元帅等品种，易感染此病。土壤瘠薄、黏重、板结、有机质少和偏施氮肥的果园，该病发生重。

2．预测预报

苹果和梨落花后10天，在日平均气温达15℃时，若遇10毫米降水量，将有大量孢子散发。此时可预报，在雨前或10毫米以上降雨后，应立即喷药。也可在园内选感病品种（苹果中的富士、新红星和元帅系等和梨树中的早酥、鸭梨等）枝干病斑较多的树5株，每株树在距枝干5～10厘米处分东、西、南、北四个方位各固定一玻片，让涂凡士林的一面对着树干。从开花期开始，每三天换一次，并进行镜检。发现孢子数量较多或增加量大时，便发出预报，立即喷药。

3．防治方法

(1) **加强肥水管理**　要特别注意氮、磷、钾肥的配合施用。增施有机肥料。

(2) **清除病源**　结合冬季清园，刮除枝干老翘皮和病皮，然后涂用1%硫酸铜液或843康复剂、腐必清等药液杀菌。剪除病枯枝集中烧毁。田间果实开始发病后，要及时摘除病果并深埋。

(3) **喷药护果**　生长季节适时喷药保护果实，5～8月份每隔15～20天喷药一次。用药可选50%多菌灵600倍液+90%疫霜霉700倍液，或70%甲基硫菌灵800倍液，50%退菌特600～800倍液，或1∶2～3∶200～240倍波尔多液，或大生M–45的800倍液等。果实采收后用上述药液浸果10分钟，或用仲丁胺200倍液浸果一分钟，晾干后贮藏。

（八）苹果褐腐病

该病是果实生长后期和贮藏运输期间的一种重要病害。除危害苹果外，还能危害梨和核果类果实。

苹果褐腐病主要危害果实。被害果实表面初时出现浅褐色小斑软腐状(图9–40)。后病斑迅速向外扩展，几天内使整个果实腐烂。在高温条件下，腐烂更快。在0℃时，病菌也可以生活和扩展。病果的果肉松软成海绵状，略有韧性。病斑中心逐渐形成同心轮纹状排列的灰白色绒球状菌丝团。这是褐腐病的典型症状。病果多于早期脱落，也有少量残留在树上成为黑色僵果。

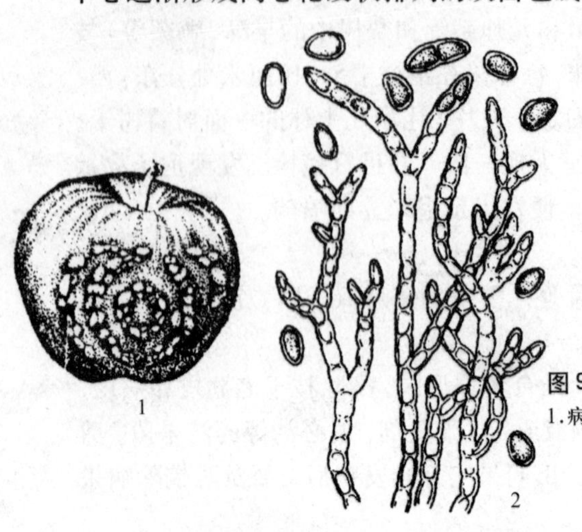

图9–40　苹果褐腐病

1.病果　2.分生孢子梗及分生孢子

1．侵染循环

褐腐病菌主要以菌丝体在病果(僵果)上越冬。第二年春季，形成分生孢子，借风雨传播为害。在一般情况下，潜育期为5～10天。该病菌发育的最适温度为25℃，较高的相对湿度，有利于孢子的形成和萌发。果实近成熟期(9月下旬至10月上旬)为发病盛期。病菌可以经皮孔入侵，但主要通过各种伤口侵入。大国光、小国光和倭锦等晚熟品种染病较多。在卷叶蛾幼虫啃伤果皮较多、裂果严重的情况下，秋雨多时常引起褐腐病的流行。

2. 防治方法

(1) **加强果园管理** 随时清除树下和树上的病果、落果和僵果。秋末或早春翻耕土壤，减少病源。搞好果园的灌排水，力争旱时能浇水，涝时能排水。

(2) **喷药杀菌护果** 在病害盛发期前(北方地区一般在9月中下旬和10月上旬)，喷洒1∶2∶160～200倍波尔多液，或50%甲基托布津800倍液，保护果实。

(3) **科学贮运果实** 为了提高果实贮藏质量，应尽量避免在果实采收、包装和运输过程中被挤压和碰伤，并严格剔除病、虫果和伤果。果实贮藏期间，要严格控制温度为1℃～2℃、相对湿度为90%左右。

(九) 苹果花腐病

此病多发生于高寒地区苹果园，有些年份可造成20%以上的减产，严重时可减产80%。花腐病在叶、花、幼果和嫩枝上均可发生，但以危害花、果为主，展叶后3天就可发生叶腐。发病初期，在叶片的尖端、边缘和主脉两侧，发生赤褐色小病斑。后逐渐扩大成放射状，沿叶脉向叶柄蔓延，直达病叶基部，病叶腐烂。当雨后空气潮湿时，病部产生大量灰白色霉状物(分生孢子)。花腐症状有两种类型：一种是花蕾刚出现时染病腐烂，病花呈黄褐色枯萎；另一种是由叶腐蔓延所引起，花从基部及花梗腐烂，花朵枯萎下垂(图 9–41)。

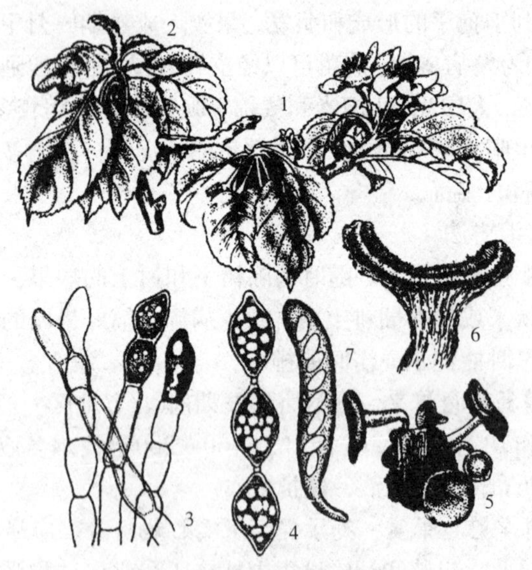

图 9–41　苹果花腐病

1.病花　2.病叶　3.分生孢子梗　4.分生孢子　5.子囊壳
6.子囊盘纵切面　7.子囊

发生果腐，是病菌从花的柱头侵入而引起的。果实长到豆粒大时，果面上有褐色病斑出现，并有褐色黏液溢出，带有发酵气味。全果迅速腐烂，最后失水，变为僵果。病菌从花梗继续向下蔓延到枝梢时，可发生溃疡性枝腐，且病部下陷干缩，严重时枝梢枯死。

1. 侵染循环

花腐病菌在地面病果、病叶及病枝上所形成的鼠粪状菌核中越冬。翌年春天，土壤温度达 2℃以上、土壤湿度达 30%以上时，菌核产生子囊盘和子囊孢子。子囊孢子随风传播，侵入叶、花，引起叶腐和花腐。叶腐潜育期为 6～7 天。病叶、病花上产生的分生孢子侵入柱头，造成果腐。果腐潜育期为9～10天，果腐后再引起枝腐。花腐病的发生和发展，与当地气候、地势和栽植方式等有关。在春季苹果树萌芽展叶期，多雨和低温是叶腐、花腐大发生的条件。其中雨水是主要因素，低温则使花期延长，受害机会增多。果腐的发生与低温关系最为密切。花腐病在山区果园发生较重，在平原较轻；通风透光不良和管理粗放的果园发病重；单一品种成片栽植的果园比混栽果园发病重。苹果品种间，感病性差异很大。高度感病的品种，有鸡冠、金冠、大秋和黄海棠等；一般的感病品种，有国光，红玉、倭锦、祝光和青香蕉；元帅和红星品种比较抗病。

2．防治方法

(1) **清除病源**　果实采收后，清除果园内落于地面的病果、病叶和病枝，并翻耕果园（图9–42）。结合冬剪，剪除病枝，集中烧毁或深埋。

图9–42　翻耕深埋病叶、病果

(2) **喷药保护**　生长季节喷药保护，尤其注意高感病品种的喷药保护。从苹果树萌芽到开花期，喷药1～2次。第一次在萌芽期，第二次在初花期。若花期低温潮湿，可于盛花末期增喷一次。萌芽前喷用3～5波美度的石硫合剂，后两次喷用50%多菌灵800～1 500倍液，或65%代森锌500倍液，或70%甲基托布津800倍液等。

(3)**加强管理** 合理修剪，保持树冠内通风透光。增施有机肥，使树势健壮，提高抗病力。新建果园要注意合理搭配树种，避免大面积栽种单一品种。

（十）套袋苹果黑点病

套袋苹果黑点病，是近年来推广果实套袋后出现的一种病害。发病初期，果实皮孔变色，果面出现黑褐色小点，多发生在萼洼周围和果顶部。后病斑逐渐扩大，直径可达5毫米左右。病斑中心有病组织液渗出，风干后成为白色粉点或细条。发生严重时，数个病斑相连，成为较大病斑。梗洼周围及果实胴部也可出现病斑。冬季冷藏期间，果面斑点一般不发展，不会引起果实腐烂。

1．发病规律

该病由粉红聚端孢侵染所致。该菌是多种植物残体上最为常见的腐生菌之一。其腐生基物范围广，苹果果实上的花器残体，包括干枯的花萼、花柱、花丝和花药等，均可成为其腐生基物。

粉红聚端孢适应高温。套袋后造成的果袋内的高温、高湿环境，为粉红聚端孢在花器残体上的滋生提供了条件。一般从7月份开始发病，到8月份雨多时，进入发病盛期。套袋苹果黑点病的发生程度，和果实套袋期间的气候密切相关，雨多而高温闷热时，发病重。海拔低，气温较高，树势旺，郁闭，通风透光差，发病果率高。在同一地区，密植园和郁密树发病较重。套袋时将袋撑鼓、将通气孔撑开的，或扎针孔透气的，果实发病轻（图9—43）。

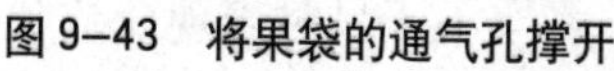
图 9—43　将果袋的通气孔撑开

2．防治方法

（1）**加强通风透光**　改善果园树上和地面管理，促进通风透光。

（2）**选好用好果袋**　使用透气性能好的果袋，并保持果袋透气良好，防止袋内病菌滋生和侵染。

（3）**套前喷药灭菌**　套袋前喷施杀菌剂保果。

（十一）圆斑根腐病

圆斑根腐病，是我国北方果区危害较重的一种烂根病。该病除危害苹果、梨、桃、杏和葡萄等果树外，桑树、刺槐、柳树、花椒和榆树等也可受到严重危害。病株地上部的症状有三种类型：

萎蔫型：病株萌芽后，整株或部分枝条生长衰弱，叶簇萎缩，叶片向上卷缩，小而色浅。新梢抽生困难，甚至花蕾皱缩，不能开放，或开花后不坐果。枝条失水，表皮干死翘起。

青干型：上一年或当年感病且病势发展迅速的病株，在春旱且气温较高时，出现这种症状。叶片骤然失水青干，多数从叶缘向内发展，也有沿主脉向外扩展的。在青干与健全叶组织分界处，有明显的红褐色晕带，严重青干时叶片脱落。

叶缘焦枯型：病势发展较缓，春季不干旱时表现此症状。病株叶尖或边缘枯焦，中间部分保持正常，病叶不会很快脱落。病株地下部分发病先从须根开始。病根变褐枯死，然后延及肉质根，围绕须根的基部形成一个红褐色圆斑。随着病斑的扩大与相互愈合，木质部也发病，使整段根变黑死亡。病根还可反复产生愈伤组织，再生新根，使病根病健组织交错，凹凸不平。

1．侵染循环

该病由三种镰刀菌引起。它们都是土壤习居菌，可在土壤中长期腐生存活，同时也可寄生于寄主植物上。只有当苹果树根系衰弱时才会发生此病。因此，干旱、缺肥、土壤盐碱化或板结、水土流失严重、结果量过大，以及其他病虫危害严重等，都是诱发圆斑根腐病的重要条件。

2．防治方法

(1) **增强树势，提高抗病能力**　增施有机肥，注意松土保墒，控制水土流失，并加强对其他病虫害的防治。

(2) **土壤消毒灭菌**　在每年苹果树萌芽期和夏末，以根颈为中心，开挖3～5条，宽30～50厘米、深70厘米的放射沟，在其中灌70%甲基托布津800倍液，或10%双效灵200倍液，硫酸铜500倍液，或0.5～1波美度石硫合剂，每株结果树灌50～75升，待药液渗完后覆土。

(3) **晾根**　将病树根颈周围的土壤扒开，使根系暴露在外，晾晒10余天。一般从春季至秋季均可进行（图9–44）。填土时，可将掺有石硫合剂残渣或硫酸铜渣的土或新土填入，而病土则应带出果园。

图9–44　晾根防治根腐病

(4) **草木灰覆盖病根**　对已发病的树，扒去病部土壤，刮去病皮，稍加晾根后，每株树用2.5～5千克草木灰，掺入少量细土，覆盖于发病根部。然后，覆土于草木灰上，能促进根腐病痊愈。

（十二）苹果病毒病

这是一类苹果病害的统称。病毒是一类比细菌和真菌还小的微生物。受病毒感染的果树终生全身带毒，目前还很难彻底治愈；只能控制它的发生和症状表现。不管是否表现出症状，有病毒树一般生长缓慢，树势不旺，产量降低，品质下降，不耐贮藏，需肥量增加。苹果上常见的病毒病，有苹果花叶病、苹果锈果病和几种苹果潜隐性病毒病等。

苹果花叶病，是叶上出现斑驳型、环斑型、网纹型和镶边型等多种不同的黄色斑块或深浅绿相间的花叶症状（图9–45）。它的病毒粒体为圆球形。苹果锈果病，又称花脸病。其表现症状为锈果型、花脸型和混合型。锈果型，果面上有五

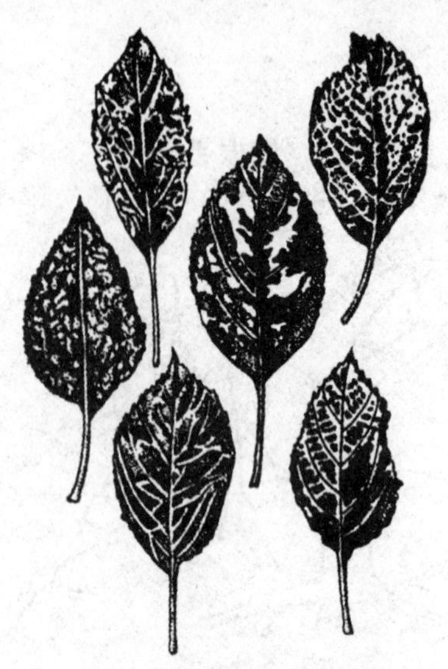

图 9–45 苹果花叶病

条与心室对应的褐色木栓化锈斑，斑上有众多的纵横小裂口(图 9－46)；花脸型，即果实着色不匀，成为红色与黄绿色相间的斑块如花脸。苹果锈果病是由一种类病毒引起的。

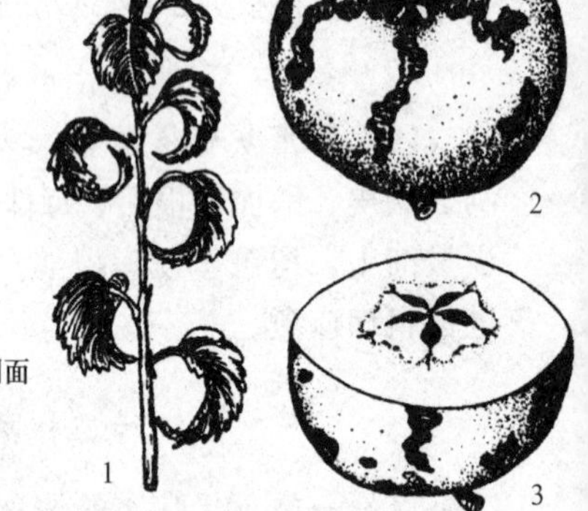

图 9–46 苹果锈果病
1.病苗 2，3.锈果型果面及剖面

苹果潜隐性病毒病，指的是褪绿叶斑病毒病、茎沟槽病毒病和茎痘病毒病三种。这类病毒病的特点是，病毒存在于苹果树体内而不表现出明显症状。

1．发病规律

病毒病一般通过嫁接传染，较干旱的条件和衰弱的树势，均有利于发病。

2．防治方法

(1) **切断病毒源** 利用无病苗木和接穗。

(2) **加强已感染病毒果园的栽培管理** 对已感染病毒病

的苹果园，除绝对禁止从该园采集接穗外，还应加强栽培管理，尽量挽回病毒感染造成的损失。

(3) **慎重进行高接换头** 在更换品种时，要特别谨慎采用高接换头的方法，因为品种、砧木组合的变化，可能导致抗病性的变异，使潜隐性病毒变为显性，以致树势很快衰弱乃至死亡。

三、防病控虫，综合治理

以往对果园的有害物，只注重化学防治。有机合成农药在果园长期、广泛使用，导致大量杀伤天敌，有益动物种类减少，生物多样性受到破坏，果园生态群落结构恶化，次要害虫暴发，以及环境污染严重等问题的出现。所有这些问题，都必须依靠综合防治才能解决。也就是说，要生产优质、无公害果品，就必须在搞清果园主要病虫害种类及其发生规律（包括预测、预报）的基础上，创造有利于果树生长发育和有益生物活动而不利于有害生物生存为害的生态环境，利用多种措施将病、虫害控制在允许的经济损失水平以下。要以果园生态系统内各组分之间相互依存、相互制约、自我调节及自然平衡的原理为依据，以果树为中心，以农业生态防治为基础，生物控制为核心，结合物理机械防治法，辅助以化学防治，对病虫害进行综合的治理。

（一）农业生态控制病虫

根据农业生态系统中果树与病虫害发生的关系，利用一系列栽培管理技术，有目的地改变苹果园中的某些因素，使之不利于病害的流行和害虫的发生，达到控制病虫，减轻灾害，使苹果丰产、优质。

1. 利用果园生物多样性，对害虫进行生态治理

苹果园的生物多样性，对园内病虫害有持续的生态控制作用。

(1) **果园植被多样性对害虫的生态控制作用** 植被多样性是指除生产树种外的非生产性植物的多样性，包括果园种草、免耕园的自生性杂草及其他间作的作物和树种（图 9-47）。例如，果园间作绿肥植物，不仅可以改良土壤的理化特性，增加有机质，抑制杂草生长，改善果园的空气、土壤温度和湿度，防止水土流失，抗旱，抗寒，提高果实品质；而且给多种天敌昆虫提供了充足的蜜源植物及良好的小生态环境，克服了天敌与害虫在发生时间上的脱节现象。生态环境中植物的多样性，保护了果园昆虫群落的多样性，扩大和丰富了天敌的种类和数量。如夏至草和泥胡菜等与苹果树行间的紫花苜蓿搭配，能够提高重要天敌小花蝽的种群数量。

图 9-47 果园植被的多样性

还可以在果园中种植一些向日葵，以诱集桃蛀野螟和白星花金龟；种少量臭椿，以引诱斑衣蜡蝉，然后聚而歼之。蓖

麻叶是大黑鳃金龟、黑皱鳃金龟等害虫的嗜食植物，但其取食后不久即被麻醉，大多不能复活。红花三叶草对茎线虫的生长发育有影响，它取食后生长发育缓慢或停止发育，不能产卵。猪屎豆、红苜蓿等豆科植物，可引诱多种植物线虫取食，但取食后不能发育成熟。这些诱集植物的合理布局，可对害虫起到持续的控制作用。

(2) **果园周边生物多样性对害虫天敌的保护作用** 果园周边的草坡、田埂、农田、菜地和树林等“生态环境岛屿”上的物种非常丰富，生物多样性指数高，蕴藏着大量害虫的天敌。当果园害虫种类数量增长时，这些天敌会迁入果园。而当果园害虫种群数量下降、寄生性天敌缺少或使用农药时，这儿又可成为天敌的庇护场所。研究表明，草蛉、小花蝽、异色瓢虫和龟纹瓢虫等天敌，可在麦田和果园之间迁移。赤眼蜂在玉米田和果园之间频繁往来，控制着田间的鳞翅目害虫。

(3) **果区的树种、品种布局对病虫害的生态控制作用** 20世纪80年代以来，全国大面积发展了红富士苹果品种，许多地区形成了“晚熟过多、中熟单一，早熟极缺”的畸形结构。由于品种单一，加上密植栽培，造成了苹果轮纹病的大面积流行。按照销售市场的导向，现在各果区都调整了苹果早、中、晚熟品种的比例，形成了较合理的品种布局。在一个地区，树种要多样化；在一个果区，品种要多样化。这不仅是果品市场的需要，也是我们防病控虫的战略举措。不同树种，以及同一树种的不同品种，对病虫抗性的差异很值得研究和利用。

2. 农业栽培措施

(1) **清除越冬病虫源** 果树的老翘皮裂缝和树洞中，藏有大量的越冬病菌和害虫。早春时，细心刮除老翘皮后，喷

布3～5波美度石硫合剂，可消灭大量病菌和害虫（图9–48）。

图9–48　刮老翘皮

苹果早期落叶病菌和花腐病菌等的孢子器或菌丝体，是在落地病叶、病组织中越冬；黄斑长翅卷蛾、黑星麦蛾、潜叶蛾类、梨冠网蝽和葡萄二星叶蝉等害虫的越冬虫态，也多在树下落叶、杂草、砖石缝中隐藏；桃蛀果蛾、苹掌舟蛾、剑纹夜蛾、金龟子、象鼻虫和尺蠖等，都是在土壤中越冬。果树落叶后，结合秋施基肥，清除果园的枯枝落叶和杂草埋于树下，早春地面解冻后翻树盘（图9–49）等，均可起到消灭越冬病菌害虫、熟化土壤与培肥地力的多重作用。

图9–49　翻树盘

（2）**合理修剪**　修剪的主要任务之一是使树冠通风透光，调节营养生长和生殖生长的矛盾，从而减轻病虫害的发生。

另外，修剪时剪除病虫枝，清除病僵果，能明显减少病虫源(图9—50)。如苹果炭疽病和褐腐病等病害的病菌，就是在病枝梢、病僵果中越冬的，顶梢卷叶蛾和苹果枝天牛等害虫，也都是在枝梢上越冬的。一些显而易见的害虫越冬虫态，如架在树杈上的“鸟蛋”——黄刺蛾的虫茧、挂在树上的“吊死鬼”——蓑蛾的护囊、介壳虫累累的枝条，以及蚱蝉产卵时危害的枯梢，都是冬剪时必须剪去的对象。

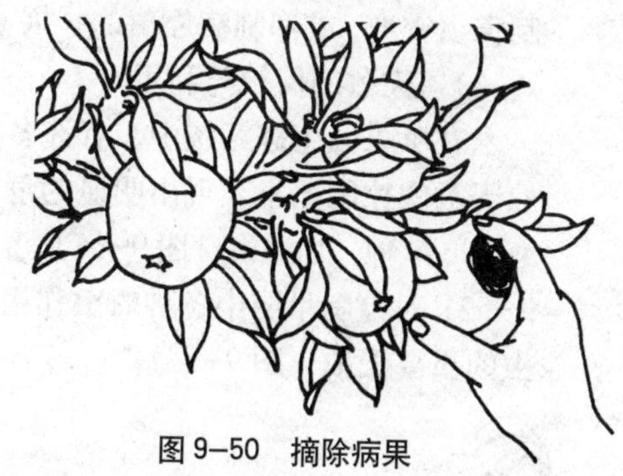

图9—50　摘除病果

(3) **合理施肥**　施足有机肥以增强树势，避免偏施氮肥使果树生长过旺，进行地面覆盖以保水控温，提高树体对病虫害的抗御能力，这些在病虫害的综合防治中，有着不可估量的作用。

(4) **果园生草**　在生草的苹果园，土壤保水能力明显好于清耕苹果园；当草长到一定高度时，刈割后覆在树盘下蓄水保墒，待其腐烂后翻入土中增加腐殖质，有利于苹果树生长。特别是生草果园中，天敌的种类和数量大大增加，蜘蛛类和步甲等捕食性害虫的作用，得到了更大程度的发挥。生草后，苹果园中良好的栖息环境，也不断地吸引大量的天敌向果园移动，并在对苹果树喷药时得到保护。这些都能使天敌更好地发挥控制害虫的作用。

(5) **果实管理**　疏花疏果，不仅可使果树合理负载，保持健壮树势，而且可在疏除花果的同时，剔除病虫花果和被害嫩梢。果实套袋，能有效地避免轮纹病和炭疽病等病害的病原物侵染，以及食心虫与刺果椿象的危害。

（二）生物防治

人们可以利用寄生性、捕食性天敌或病原微生物，来控制害虫密度，或抑制病原菌的扩展蔓延，减轻病虫害的发生。

1. 天敌的保护与利用

在苹果园生态系统中，有许多种潜在的害虫，因受到自然天敌的控制而未表现出明显的危害。苹果园中的害虫天敌有200多种，如螳螂（图9–51）可捕食多种害虫；草蛉（图9–52）对控制果园中各种蚜虫作用很大；食蚜蝇也是取食蚜虫的重要天敌（图9–53）。

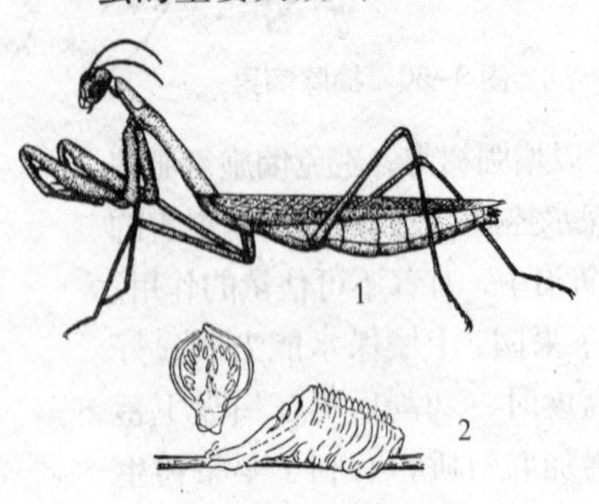

图9–51　螳　螂

1.成虫　2.卵鞘及其剖面

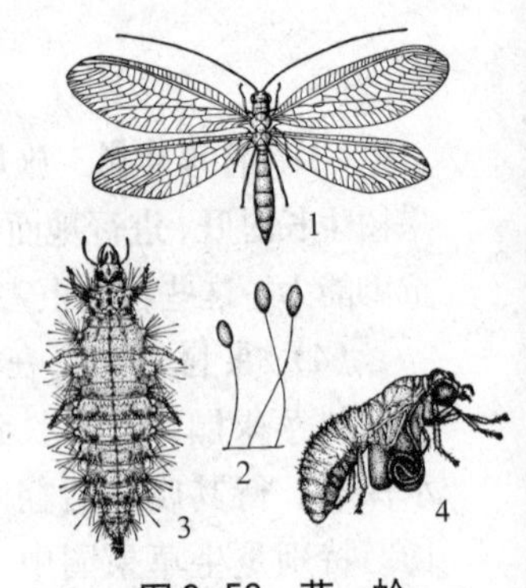

图9–52　草　蛉

1.成虫　2.卵　3.幼虫　4.蛹

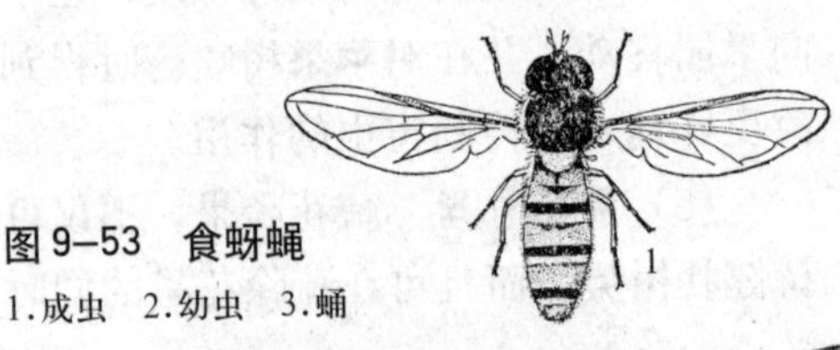

图9–53　食蚜蝇

1.成虫　2.幼虫　3.蛹

常对害螨起控制作用的天敌，有草蛉、捕食螨、小黑花蝽、六点蓟马和深点食螨瓢虫等；寄生金纹细蛾的天敌，有金纹细蛾跳小蜂（图9–54）、金纹细蛾姬小蜂和金纹细蛾绒茧蜂等8种寄生蜂，寄生率常达50%左右。要保护好这些天敌，就必须限制有机合成农药的使用，并为天敌提供转换寄主、繁殖和越冬场所，并增添食料。前已述及，要积极丰富果园中的生物多样性，譬如果园生草就是一种好方法。在小麦将成熟期，尽量不喷或少喷农药，避免对瓢虫的杀伤。麦收后，瓢虫（图9–55）大量迁移到苹果园，完全可以控制绣线菊蚜的危害。这个作用早已为广大果农所认识。

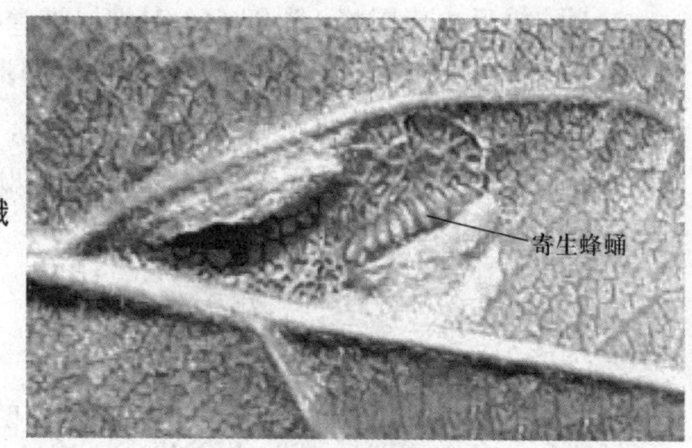

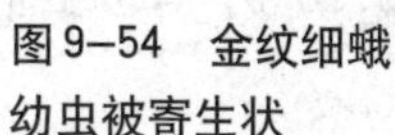
图9–54 金纹细蛾幼虫被寄生状

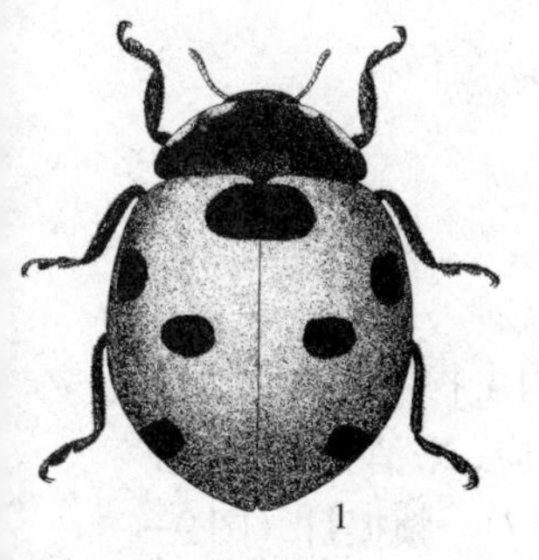

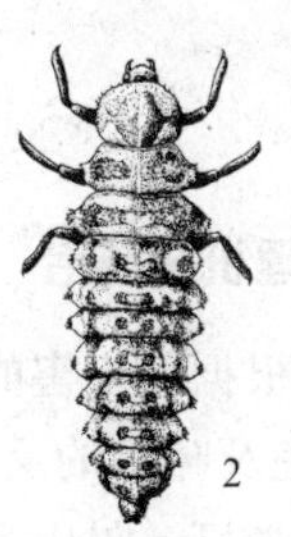

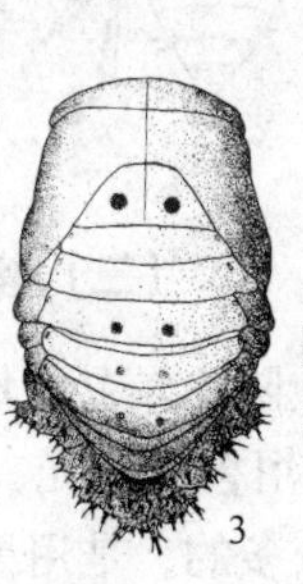

图9–55 七星瓢虫
1.成虫 2.幼虫 3.蛹

2. 天敌的引进与定居

在缺乏有效天敌的情况下，从其他地方引进优良天敌，用以控制当地的主要病虫害，这种方法在多年生的果树上容易成功。“七五”期间，从美国引进的西方盲走螨，经过人工繁殖，释放于陕西洛川的苹果园内，对害螨起到了良好的控制作用，并在当地建立了种群。其他的，如引进澳洲瓢虫防治介壳虫、引进日光蜂防治苹果绵蚜等，都是控制害虫的好方法。

3. 天敌的繁殖与释放

有些对害虫控制作用很大的天敌，因数量少而不能很好地发挥作用时，就需要在室内大量繁殖，然后将其释放到田间。松毛虫赤眼蜂（图9-56）对棉褐带卷蛾等许多毛虫的卵，都有较好的寄生效果。在棉褐带卷蛾卵期，挂蜂卡4次，每667平方米每次放8万～10万头赤眼蜂，对寄主害虫的卵块和卵粒的寄生率，可分别达95.57%和90.16%。有害虫梢率可减少87.25%，效果好于喷洒农药。

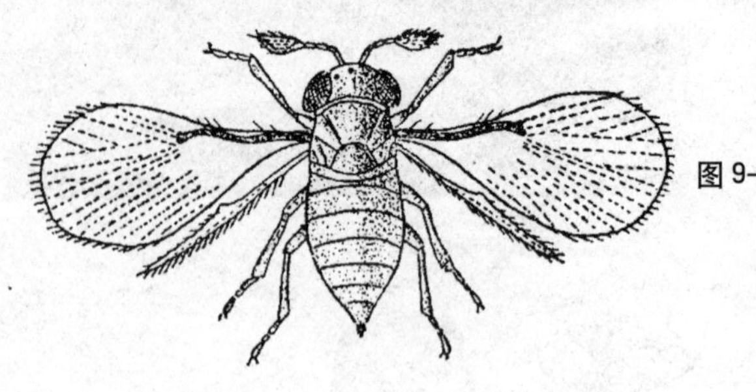
图9-56　赤眼蜂

（三）物理机械防治

物理机械防治，主要是根据病虫害的生物学习性和生态学原理，如利用害虫对光、色及味等的反应，来消灭害虫。在这方面用得较多的，是用黑光灯（图9-57）、频振灯（图9-

58)、糖醋液（图9-59）、烂果汁等诱测或诱杀成虫；在树干上绑草圈诱集越冬害虫；在树干上绑塑料薄膜或涂药环阻杀害虫等。秋季果树涂白，是防止树皮冻伤、避免害虫产卵为害的好办法（图9-60，图9-61）。

图9-58　频振灯诱虫

图9-57　黑光灯诱测害虫

图9-59　糖醋罐诱蛾

图9-60　树干涂白

图 9-61　苹果园树干涂白

热处理，如对带病的种子、苗木和接穗等繁殖材料，进行热力消毒，是防治多种病害的有效方法。近年来，大力推广的果实套袋，可以阻隔害虫和病原菌对果实的危害，减少喷药次数；它对有效控制病虫、减少农药污染、提高果实外观品质方面，起了很大的作用。

（四）化学防治

化学防治，是利用化学农药防治病虫害的方法。这种防治方法在我国现阶段苹果生产水平的情况下，仍然有着不可替代的作用。要在苹果生产中获得高效益，既要保证果品质量，又要最大限度地减少农药对环境造成的污染，就必须合理安全使用农药。这方面涉及的内容较多，是苹果高效生产中的重中之重，以下要作专门论述。

四、农药的合理安全使用

要使苹果生产做到低投入，高效益，无公害，就必须讲究果园的施药技术。

（一）禁止使用高毒农药，推广使用高效低毒农药

在苹果生产中，坚决淘汰和禁止使用那些残留高、残效

期长的高毒品种，如有机磷杀虫剂中的甲胺磷、对硫磷、甲基对硫磷、久效磷及乐果等品种；氨基甲酸酯类中的克百威；除虫菊酯类中的杀灭菊酯等含氟化合物品种及杀虫脒等。而推广使用高效、低毒、持效期短、无残留的农药品种。苹果园允许使用的主要杀虫杀螨剂、杀菌剂及其使用方法，见表9-4和表9-5。两表的内容来自农业部苹果生产技术规程(NY/T 5012-2001)。

表9-4　苹果园允许使用的主要杀虫杀螨剂

农药品种	毒性	稀释倍数和使用方法	防治对象
1%阿维菌素乳油	低毒	5000倍液，喷施	叶螨、金纹细蛾
0.3%苦参碱水剂	低毒	800～1200倍液，喷施	蚜虫、叶螨等
10%吡虫啉可湿粉	低毒	5000倍液，喷施	蚜虫、金纹细蛾等
25%灭幼脲3号悬浮剂	低毒	1000～2000倍液，喷施	金纹细蛾、桃小食心虫等
50%辛脲乳油	低毒	1500～2000倍液，喷施	金纹细蛾、桃小食心虫等
50%蛾螨灵乳油	低毒	1500～2000倍液，喷施	金纹细蛾、桃小食心虫等
20%杀铃脲悬浮剂	低毒	8000～10000倍液，喷施	桃小食心虫、金纹细蛾等
50%马拉硫磷乳油	低毒	1000倍液，喷施	蚜虫、叶螨、卷叶虫等
50%辛硫磷乳油	低毒	1000～1500倍液，喷施	蚜虫、桃小食心虫等
5%尼索朗乳油	低毒	2000倍液，喷施	叶螨类
10%浏阳霉素乳油	低毒	1000倍液，喷施	叶螨类
20%螨死净胶悬剂	低毒	2000～3000倍液，喷施	叶螨类
15%哒螨灵乳油	低毒	3000倍液，喷施	叶螨类
40%蚜灭多乳油	中毒	1000～1500倍液，喷施	苹果绵蚜及其他蚜虫等
99.1%加德士敌死虫乳油	低毒	200～300倍液，喷施	叶螨类、蚧类
苏云金杆菌可湿粉	低毒	500～1000倍液，喷施	卷叶虫、尺蠖、天幕毛虫等
10%烟碱乳油	中毒	800～1000倍液，喷施	蚜虫、叶螨、卷叶虫等
5%卡死克乳油	低毒	1000～1500倍液，喷施	卷叶虫、叶螨等
25%扑虱灵可湿粉	低毒	1500～2000倍液，喷施	介壳虫、叶蝉
5%抑太保乳油	中毒	1000～2000倍液，喷施	卷叶虫、桃小食心虫

表 9–5　苹果园允许使用的主要杀菌剂

农药品种	毒性	稀释倍数和使用方法	防治对象
5%菌毒清水剂	低毒	萌芽前，30～50 倍液，涂抹；100 倍液，喷施	苹果树腐烂病、苹果枝干轮纹病
腐必清乳剂（涂剂）	低毒	萌芽前，2～3倍液，涂抹	苹果树腐烂病、苹果枝干轮纹病
2%农抗 120 水剂	低毒	萌芽前，10～20 倍液，涂抹；100 倍液，喷施	苹果树腐烂病、苹果枝干轮纹病
80%喷克可湿粉	低毒	800 倍液，喷施	苹果斑点落叶病、轮纹病、炭疽病
80%大生 M–45 可湿粉	低毒	800 倍液，喷施	苹果斑点落叶病、轮纹病、炭疽病
70%甲基托布津可湿粉	低毒	800～1000 倍液，喷施	苹果斑点落叶病、轮纹病、炭疽病
50%多菌灵可湿粉	低毒	600～800 倍液，喷施	苹果轮纹病、炭疽病
40%福星乳油	低毒	6000～8000 倍液，喷施	苹果斑点落叶病、轮纹病、炭疽病
1%中生菌素水剂	低毒	200 倍液，喷施	苹果斑点落叶病、轮纹病、炭疽病
27%铜高尚悬浮剂	低毒	500～800 倍液，喷施	苹果斑点落叶病、轮纹病、炭疽病
石灰倍量式或多量式波尔多液	低毒	200 倍液，喷施	苹果斑点落叶病、轮纹病、炭疽病
50%扑海因可湿粉	低毒	1000～1500 倍液，喷施	苹果斑点落叶病、轮纹病、炭疽病
70%代森锰锌可湿粉	低毒	600～800 倍液，喷施	苹果斑点落叶病、轮纹病、炭疽病
70%乙膦铝锰锌可湿粉	低毒	500～600 倍液，喷施	苹果斑点落叶病、轮纹病、炭疽病
硫酸铜	低毒	100～150 倍液，灌根	苹果根腐病
15%粉锈宁乳油	低毒	1500～2000 倍液，喷施	苹果白粉病

续表 9–5

农药品种	毒性	稀释倍数和使用方法	防治对象
50%硫胶悬剂	低毒	200～300 倍液，喷施	苹果白粉病
石硫合剂	低毒	发芽前，3～5波美度；开花前后，0.3～0.5 波美度；喷施	苹果白粉病、霉心病等
843 康复剂	低毒	5～10 倍液，涂抹	苹果树腐烂病
68.5%多氧霉素	低毒	1000 倍液，喷施	苹果斑点落叶病等
75%百菌清	低毒	600～800倍液，喷施	苹果轮纹病、炭疽病、斑点落叶病等

（二）选择对环境无污染的农药剂型

在使用农药进行苹果病虫害防治的过程中，要尽量选择对环境无污染的农药剂型，如水分散粒剂、水剂、水悬浮剂、片剂、微乳剂等剂型，以及水溶性包装制剂，可以避免甲苯、二甲苯等有机溶剂对环境的污染，提高农药的安全性，而且操作方便，减少用药量，减轻药物在果品上的残留。

（三）改进施药技术，提高农药的有效利用率

对苹果树喷雾施药时，一定要保持喷雾器中足够的压力，并保持喷头和树体有 0.5 米的距离（图9–62）。这样喷出去的雾才能细而飘，可使药液均匀分布于果树上，收到较好的杀虫防病效果。

50厘米

图 9–62　保持喷头距果树 50 厘米

当然，对苹果树施药，还有其他多种好的方法，均可灵活采用。如采用注射和涂抹等方法，也可使具有内吸作用的农药进入树体内，并随树液传送至各个部位，从而起到防治病虫害的作用。防治蚜虫、介壳虫等刺吸式口器害虫时，可以采用内吸剂涂茎的施药方法，如将40%氧乐果10倍液涂于蚜虫多的枝条基部（也可用吸药布条敷上）消灭蚜虫，而对天敌基本无伤害。防治桃蛀果蛾以地面防治为主，可将其绝大多数封杀在地面，就有可能避免因树上喷药而造成的污染。

（四）加强病虫测报，减少用药量

应结合对苹果病虫发生规律的研究，加强病虫害测报工作，抓住关键防治时期，尽量减少用药次数和用药量。对病害要以预防为主。当遇到发病的气候条件，在捕捉到病菌或果树上病状一旦出现时，即要喷药预防。而当害虫出现时，还要根据未来气候对果树及害虫的影响、果园中的天敌状况和果树的抗虫能力等诸多因素，加以综合考虑，决定施药的必要性、施药时间和施药方式等。准确的施药时间，可收到事半功倍的防治效果。譬如，注意将毛虫消灭在初龄幼虫阶段，特别是未卷叶、未潜叶或未蛀果之前。药杀介壳虫，也以一龄若虫扩散期喷药效果最好。

第十章　采收与贮运保鲜技术

一、适期采收

苹果的采收期，对产量、品质、耐贮性和经济收入等方面，有显著的影响。采收过早，果实尚未充分发育，产量低，品质差。采收过晚，果实的贮耐性又会大大降低。采果是否适期，方法是否得当，将影响果实的产量、品质和贮性、运输损耗程度，继而影响商品价值。

1. 采收前的准备

为了顺利地进行采果，应提前做好各项准备工作：一是全面调查结果情况，进行准确估产和果实质量的判断，为采果提供依据；二是拟定采果计划，安排采果劳力；三是准备好采果用具，如采果袋（篮）、果梯（凳）（图 10-1）和塑料周转果箱等，确定好堆果场。

图 10-1　采收前主要工具准备

高梯 2～3 米

中梯
1.5～2 米
矮梯
1.5 米以下

2．确定采果适期

苹果的适宜采收期，要根据品种特性、果实发育状况、气候条件、贮藏方法和贮藏期长短来确定。生产中，一般根据果实的发育状态和果实发育的天数等来确定采收期。根据苹果果实发育状态确定采收期，就是在果实已充分发育，并表现出品种的特有色泽（红色品种一半以上的果面出现红色），种子变褐时，即为采收适期。同一品种在同一地区，从盛花后到果实的某种成熟度所经历的日期，一般是比较稳定的。因此，可以根据果实的生长日期来确定采收适期。红富士从盛花期到采收期，约为175天。红香蕉、红玉的适宜采收期在盛花后142 ± 12.5天。表10–1中所列的是陕西省渭北地区苹果主要栽培品种的适宜采收期，可供参考。夏季气温较低的地区，采收期较晚。在适宜的采收期内，供短期贮藏或当地鲜食的果实，宜在食用成熟度采收。长期贮藏的，采收宜稍早一点。气调贮藏果实比冷藏果实采收要略早一些，冷藏果实又比普通贮藏果实采收要略早一些。

表10–1　陕西省渭北地区主要苹果品种适宜采收期

品　　种	生长天数	成熟采收期
嘎拉、津轻、红津轻	120～130	8月20～30日
千　秋	130～135	8月底至9月初
红星、新红星、首红、金冠、金矮生等	140～150	9月15～25日
乔纳金、新乔纳金、王林等	155～165	9月底至10月初
红富士、短枝富士、秦冠等	170～180	10月20～30日

3．分期采收

在苹果的适宜采收期内，对于果实成熟期不一致，或采前落果较重的品种，如红玉、祝和红星等品种，可以分期分批地进行采收，以减轻落果，提高果实产量和品质。分期采收，要从适宜采收初期开始，分2～3批完成。第一批先采树冠外围着色好的果实。第二批采收在第一批采收后7～10天进行，也要先采着色好的果实。留在树上的青绿果实，在第二批采收后7～10天，一次采收完毕。分期采收，特别是在采收第一、第二批果实时，要避免碰落留在树上的果实，尽量减少损失。

采摘果实前，应剪短指甲，戴好手套。树下铺好塑料薄膜。采摘时，用手轻托果实，使萼部或侧面位于掌心，食指抵住果柄基部，用力向食指按的一方（即向上轻折）斜歪一下，可使果柄与果枝分离。采摘双果，宜用双手同时分托果实，分别向各自食指方向一掀即可。采果时，要将病虫害较重、畸形、过小或有机械损伤的果实拣出。

二、采收后的处理技术

1. 预　冷

苹果果实采收后，带有大量的“田间热”。如不先经预冷降温，将大量的田间热量带进贮藏环境中，将会使贮藏环境温度升高，果实的呼吸作用加强，降低果实的耐贮性，影响贮藏效果。因此，采收后、贮藏前，必须先经过预冷、降温，然后再进入正式贮藏。

苹果果实的预冷，多在果园内就地进行。其方法是，将采下的果实遮荫堆放，或装筐放于树下。白天盖草帘隔热，晚间揭开覆盖物通风，以降低果堆温度（图10-2）。阴雨天气，要防止雨水进入果堆内，以免淹水后果实胀裂和腐烂。

为防止贮藏期间的病害，可用200倍仲丁胺药液或50%多菌灵1000倍液浸果，待药液干后贮藏。

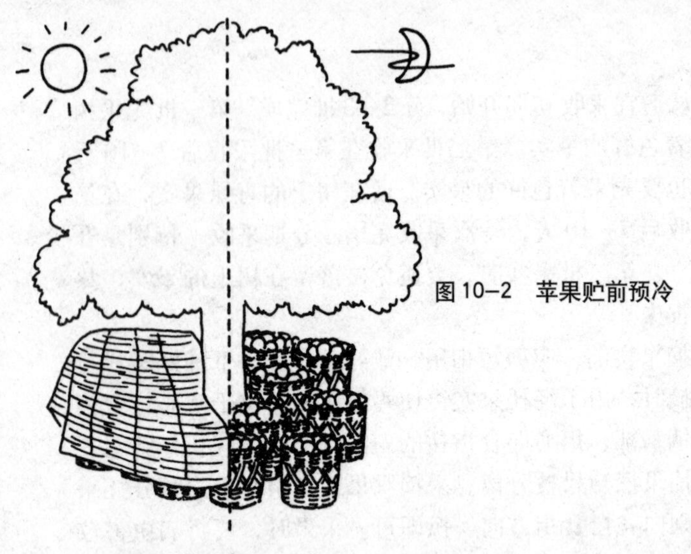

图 10-2　苹果贮前预冷

2. 分　级

严格分级，是实现果实商品价值的一个重要环节。其意义在于：有利于销售价格的制定，有利于贮存、销售和加工，以满足国内人民生活和出口等方面的不同需要。分级标准，要根据国家规定的统一标准和产销合同制定，其内容包括果个大小、形状、色泽、肉质及有无病虫危害和机械损伤等方面的具体标准。2001年2月12日，中华人民共和国农业部发布苹果外观等级标准（NY/T 439-2001）如表10-2。

表 10-2　苹果外观等级规格标准

项　目	特　等	一　等	二　等
基本要求	充分发育，成熟，果实完整良好，新鲜洁净，无异味，无不正常外来水分、刺伤、虫果及病害，果梗完整		
色　泽	具有本品种成熟时应有的色泽，苹果主要品种的个体规定参照附录A		
单果重（克）	苹果主要品种的单果重等级要求见附录B		
果　形	端　正	比较端正	可有缺陷，但不得有畸形果
果　梗	完　整	允许轻微损伤	允许损伤，但仍有果梗

续表 10-2

项目		特等	一等	二等
果锈(1)	褐色片锈	不得超出梗洼和萼洼，不粗糙	可轻微超出梗洼和萼洼，表面不粗糙	不得超出果肩，表面轻度粗糙
	网状薄层	不得超过果面的2%	不得超过果面的10%	不得超过果面的20%
	重锈斑	无	不得超过果面的2%	不得超过果面的10%
果面缺陷(2)	刺伤	无	无	允许干枯刺伤，面积不超过0.03平方厘米
	碰压伤	无	无	允许轻微碰压伤，面积不超过0.5平方厘米
	磨伤	允许轻微磨伤，面积不超过0.5平方厘米	允许不变黑磨伤，面积不超过1.0平方厘米	允许不影响外观的磨伤，面积不超过2.0平方厘米
	水锈	允许轻微薄层，面积不超过0.5平方厘米	允许轻微薄层，面积不超过1.0平方厘米	面积不超过1.0平方厘米
	日灼	无	无	允许轻微日灼，面积不超过1.0平方厘米
	药害	无	允许轻微药害，面积不超过0.5平方厘米	允许轻微药害，面积不超过1.0平方厘米
	雹伤	无	无	允许轻微雹伤，面积不超过0.8平方厘米
	裂果	无	无	可有1处小于0.5厘米的风干裂口
	虫伤	无	允许干枯虫伤，面积不超过0.3平方厘米	允许干枯虫伤，面积不超过0.6平方厘米
	痂	无	面积不超过0.3平方厘米	面积不超过0.6平方厘米
	小疵点	无	不得超过5个	不得超过10个

(1) 只有果锈为其固有特征的品种才能有果锈缺陷

(2) 果面缺陷，特等不超过1项，一等不超过2项，二等不超过3项

附录A 色泽等级要求

品　种	特有色泽	最低着色百分比（%）		
		特　等	一　等	二　等
富士系	片红／条红	90／80	80／70	65／55
寒　富	浓红或鲜红	90	80	65

附录B 单果重等级要求（单位：克）

品　种	特　等	一　等	二　等
富士系	≥240	≥220	≥200
寒　富	≥200	≥180	≥160

附录C 红富士单果理化指标

果实硬度（千克／平方厘米）不低于	可溶性固形物（%）不低于	总酸量（%）不高于
8	13	0.4

3. 包　装

科学的包装，是果实商品化、标准化及确保贮藏、运输安全的重要措施。良好的包装材料，合理的包装方法，均可避免或减少果实在贮运过程中受到碰、压、挤、磨等机械损伤，减少水分蒸发和病虫发生，保持果实的新鲜状态，可显著提高苹果的经济效益。

（1）**包装材料**　包装材料的选择原则是，轻质，坚固，美观大方，大小适中，有利于贮藏堆码和运输。目前，主要推广使用的包装材料，有各种纸箱和硬塑果箱。

①纸　箱　为目前应用最广泛的包装材料。其质量、大小和规格有很多型号。一般内销用包装箱，容果量为10千克，15千克，20千克；出口用包装箱的容量为17千克左右。由于纸箱为工厂化生产，质量、规格统一，具有使用轻便、装果容易、果实不受磨损，箱体可折叠等优点，为主要包装材料。但纸箱易受潮变形，抗压力差，堆码不宜高，存放时间不宜长。

②瓦楞纤维板纸箱　因原料不同，其坚固性有差异。以稻草和麦草等纤维作基材加工的纸箱，成本低，但质地较软，极易受潮，可用作近距离包装材料；以木料纤维作基材加工的纸箱，成本较高，但质地较硬，可作为远途运输及出口苹果的包装材料。上述两种纸箱，均是将纸板加工成波状瓦楞，在瓦楞两侧用粘合剂粘合平板纸而制成。如涂上防潮剂（如石蜡加石油树脂），可起到防潮抗压的作用。这是目前主要推广使用的果箱。

③钙塑瓦楞箱　这是以聚烯烃树脂为基材，碳酸钙为填充料，再加入适量助剂，经捏合、塑炼、压延和热粘而制成的钙塑瓦楞板，再按果箱规格组装而成的果品包装箱。它具有较好的隔热、隔潮和抗压力强的特点。虽然造价较高，但可反复使用。

（2）**包装技术**

①包果纸的选择　包果纸，既可当衬垫物使用，以减少果实的机械损伤和果实间的磨损，又能降低气温变幅、减少水分蒸发和病害的相互感染。所以，包果纸应选用质地柔韧、无孔眼、无异味、干净的油光纸和麻纸等。纸张应依果实大

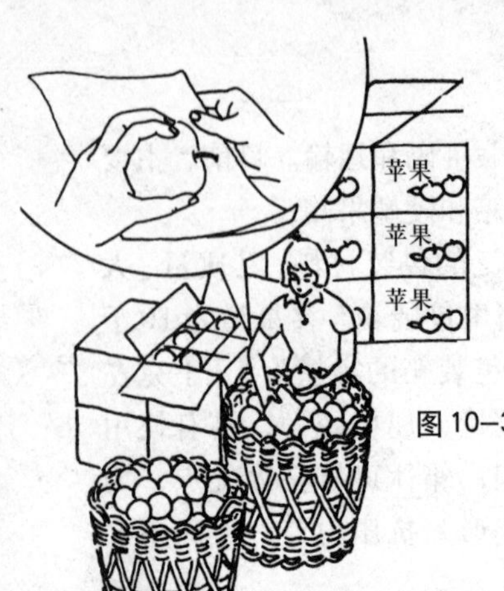

小，裁成规格为16～30厘米的正方形，以便将果实全部包严为度（图10–3）。

图10–3 果实包装

②包果装箱技术 首先取一张包果纸放在手心上，然后将果梗朝上平放于纸中央（果梗事先用剪梗剪剪过），随后将一角包裹在果梗处，再将左右两角包上，向前一滚，使第四个角落在果梗上。随手将果梗朝上平放于容器内。要求果间挨紧，呈直线排列。装满一层后，上放隔板或垫板，直至装满为止。上盖衬垫物后要加盖封严。用发泡网包果的，先用手将发泡网撑开，然后将苹果装入即可。如果先包纸，外套发泡网，或先套发泡网，后包纸，则保护效果更好。

在每个包装件内必须装同一品种、同一级别的果，不能混等。相同包装盒内果数要相等，果实重量一致（误差不超过±1%）。最后在箱外侧面印上品种名称、质量、等级和包装日期。应按品种、等级分别存放，以便贮运。

三、贮运保鲜技术

1. 贮藏保鲜

果实贮藏保鲜的作用，在于最大限度地保存果品的营养价值，减少损耗，力争季产年销，均衡上市，满足人们的生活需求，提高经济效益。

果实贮藏的方法很多。有简易贮藏法，如用土窑洞贮藏和通风贮藏库等形式。目前，发展更快的是现代贮藏设施，如机械冷藏库、气调贮藏库，以及现代化的气调库等。下边主要介绍适合于果农小批量贮藏果品的简易贮藏方法。

(1) **沟　藏**　在高燥地方，挖长方形沟（一般东西走向），宽1～1.5米，深1～2米（寒冷地区宜深些）。制作一个比沟面稍大、厚约10厘米的草帘盖备用。果实入贮前7～10天，白天将沟盖严，晚上揭开，使沟内温度接近夜间最低温度，即可放入苹果。以后也是白天盖严，晚间揭开，直至温度降至2℃时，草帘上覆塑料薄膜，将沟盖严(图10–4)。采用这种方法，可将苹果贮藏到来年3月份。

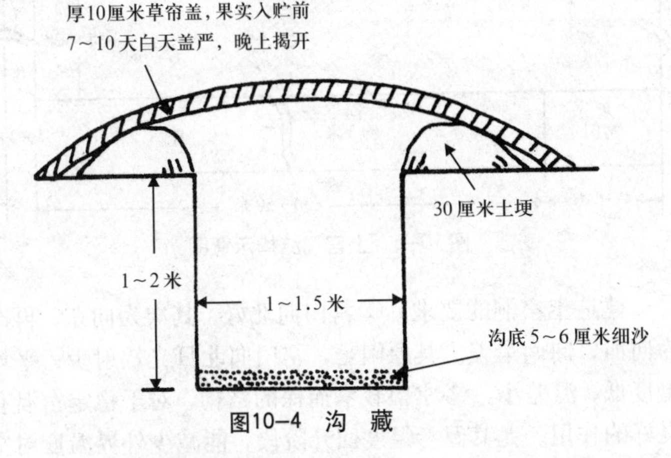

图10–4　沟　藏

(2) **土窑洞贮藏**　在黄土高原地区，可充分利用土层厚、日温差和年温差较大的特点，建造性能好、造价低的土窑洞贮藏苹果。

土窑洞的构造如图10−5所示。窑门宽1.2~1.4米，高约3.0米，深4~6米。窑身宽和高均为3.0米，深30~50米。通气孔设于窑身后部，内径为1.0~1.2米，高度应大于窑身长度的1/3。窑身顶部由外向里缓慢降低，比降约为1%。窑顶的最高点在窑门外侧，窑底和窑顶平行。这种窑具有建造容易、通风流畅、利于外界冷空气导入窑内和热空气排出的特点，尤其适用于贮存1万~3万千克果品的果树专业户使用。

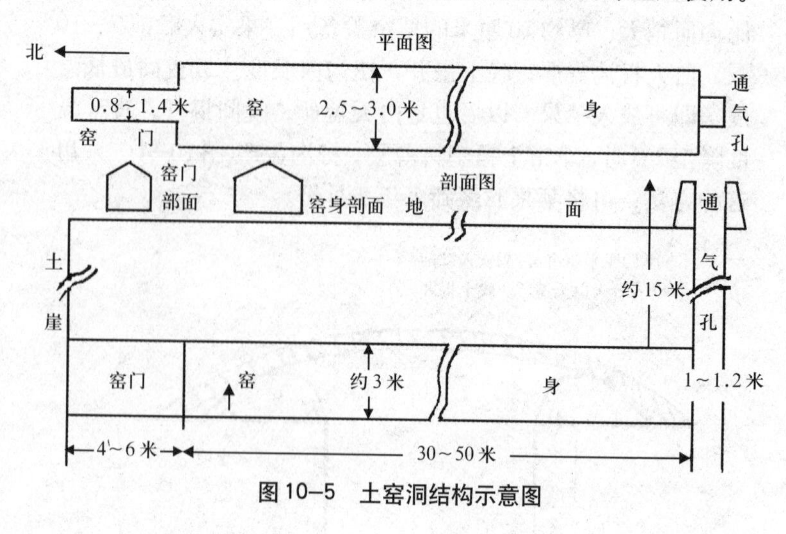

图10−5　土窑洞结构示意图

建造土窑洞的要求：①窑门向北好，其次为向东，再次为向西，向南最差。其原因是，窑门向北日光辐射少，平均温度低，温差小。②窑门较窄而深的结构，对于稳定窑温有良好的作用。尤其翌春温度回升阶段，能减少外界温度对窑温的影响，保持窑内的低温。③窑身不宜过宽，否则容易塌方。④窑身顶部以拱形为好。拱形顶既坚固，又可使窑内热空气集中于窑顶而便于排出窑外。⑤窑身底部和窑顶保持倾斜度，便于窑外冷空气导入窑内与窑内热空气从窑顶排出。⑥选择黏土或带料姜石的红胶泥土打窑洞，窑顶土层厚度保持5米以上。或掘沟用砖砌旋，砖窑顶土层厚度应保持在1.5米以上。

土窑洞的管理方法：①从果实入窑前到窑温稳定地降到0℃左右，应不断地利用外界低温降低窑温，同时降低窑内土层温度。当外界温度低于窑温时，打开窑门和通气孔，有利于大循环导入外界冷空气，降低窑温。当外界温度回升至窑温时，关上窑门和通气孔。关窑门时，应注意适当开上口，即窑门顶部小进气窗不堵，以便窑内热空气通过小循环而排出。由于窑内温较高，关上窑门和通气孔，易造成窑温回升。特别要注意入窑初期，通过晚上或凌晨通风，来降低窑温，并逐渐降低窑内土层温度。这样，才能使窑温稳定地降下来。②从窑温降至0℃左右至翌春外界温度回升前，要适当防热防冻，继续降低窑内温度。通风宜在白天外界温度不低于−6℃，通风量不要太大，防止冷空气急骤进窑，造成冻害。窑温不得低于−2℃。③外界温度回升后（高于窑温），应尽量封严窑门和通气孔，以保持窑内的低温。果实全部出窑后，窑内灌透水，然后用土坯封闭窑门，再用麦草泥封严到果实入窑前。

贮藏容器　①塑料袋：采用0.06毫米聚乙烯塑料袋，或硅橡胶窗塑料袋贮藏苹果，容量为15～20千克。果实装袋入库，直立于贮藏库地面，单层堆入或平放堆码2～3层。小批量贮藏用此方法较好，可相对延长果实贮藏期。②吹塑袋：采用0.06毫米无毒聚氯乙烯吹塑薄膜，制成容量为15千克左右的果袋。它也是气调贮藏的一种方式，又称“限气贮藏”。

它利用塑料本身的通气性能，配合适当贮藏温度，使袋内形成一个相对的低氧气、高二氧化碳的气体环境。短期贮运及零售时的临时贮藏，应用此法较好。③塑料周转贮藏箱：这种贮藏箱具有坚固耐压，一次投资多年使用，不易腐烂，不受潮变形，易于冲洗消毒，便于搬运和堆码，减少果品损伤等优点，可提高贮库利用率和工作效率，是当前推广和今后大量应用的贮藏容器。

(3) **通风库贮藏** 这种贮藏方式的通风库，采用隔热性能较好的建筑材料，配置更为灵活的通风设备，操作更为方便，是利用自然降温进行果品贮藏的一种好方法。

通风库的库型，一般有地上式、半地下式和地下式三种（图10–6）。地下式适用于寒冷地区，地上式适用于地下水位高的地区。

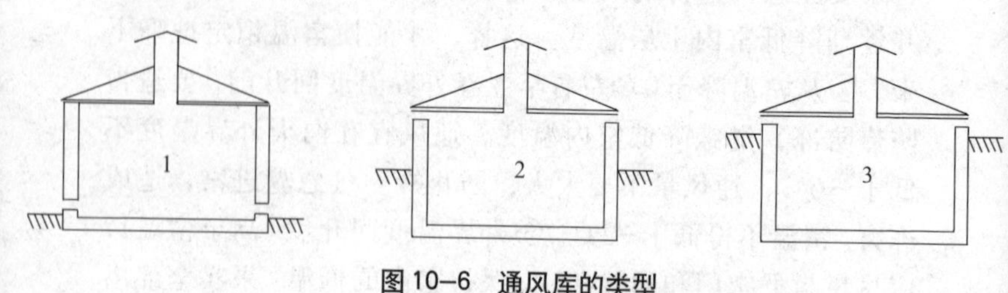

图10–6 通风库的类型

1.地上式 2.半地下式 3.地下式

通风库的通风形式，以烟囱出气式和地道进气式效果较好（图10–7）。通风面积为每100立方米容积不少于0.6平方米。

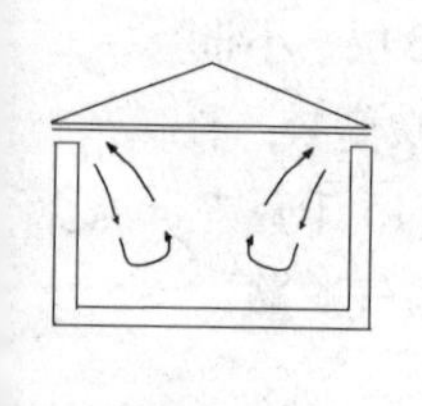
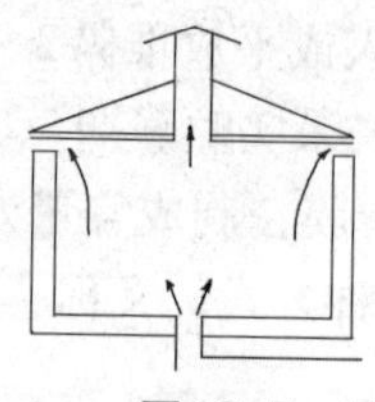
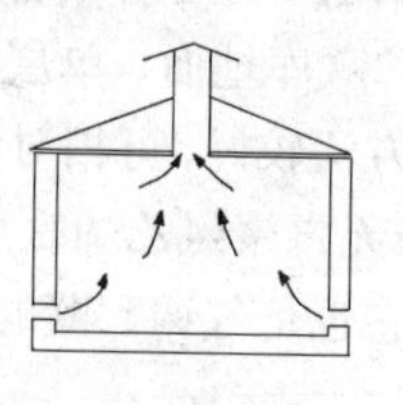
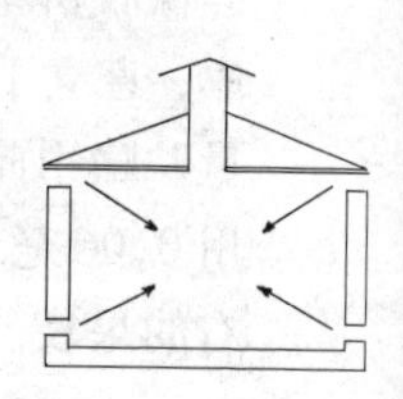

图10–7 通风库的通风类型

通风库也可加装轴流风机成为强制通风。单位时间内的通风量一般确定为库容的15～20倍为佳。

2．运输保鲜

苹果运输中的环境条件和水果的生理变化，与保持水果新鲜品质之间的关系十分密切。在流通过程中，为保护产品，方便贮运，促进销售，除了必须采取适当材料、包装容器和施加一定的技术处理外，还必须重视装卸、搬运和操作的质量。进行水果的运输保鲜，应注意以下几个方面：

（1）**振　动**　在运输过程中，由于振动和摇动，箱内果品逐渐下落，箱的上部受到的加速度可为下部的2～3倍，所以，越是上部越易变软和受伤。在箱子受到一定振动和加速度的情况下，良好的包装材料、填充材料都能吸收一部分冲击力，使新鲜水果所受的冲击力有所减弱。此外，当新鲜水果由于振动、跌落而产生外伤时，会使呼吸急剧上升，果实内含物消耗增加，风味下降。因此，运输时必须尽量减少振动。

（2）**温　度**　采取低温流程措施，对保持果实的新鲜度和品质，以及降低运输损耗，十分有效。苹果在运输过程中，要尽可能采用冷链运输，使苹果保持3℃～10℃的温度。

（3）**堆　码**　新鲜果品装车时，要采用留间隙堆码法，即在箱与箱之间必须留出适当间隙，使空气流通，同时在箱与底板之间，也必须留有间隙，使通过车壁和底板进入车内的热量，被间隙中的空气吸收。在冷藏运输时，使每件货物都可以接触到冷空气，以利于热交换。

参考文献

1 陕西省果树研究所.苹果基地技术手册.西安：陕西科学技术出版社，1987

2 杜澍，郭民主等.红富士苹果.西安：陕西科学技术出版社，1992

3 劳秀荣主编.果树施肥手册.北京：中国农业出版社，2000

4 汪景彦主编.苹果无公害生产技术.北京：中国农业出版社，2003

5 孙益知，马谷芳等.苹果病虫害防治.全国地方科技出版社联合出版，1997

6 花蕾，刘炳辉等.苹果优质无公害生产技术.北京：金盾出版社，2002

7 丁少华，赵宁编绘.苹果园看图周年管理.北京：中国农业出版社，1994

后　记

这本书是根据苹果高效无公害生产研究和实践的成果与经验编著而成。书中大量引用了国内外的研究成果，特别是插图中仿照了参考文献中许多作者的宝贵资料，部分插图由西北农林科技大学园艺学院谌有光研究员和渭南市果树研究所张默同志提供，在此表示衷心感谢。由于编著者水平有限，书中内容难免有疏漏和不妥之处，恳请同行和读者不吝赐教。